高职高专艺术设计类
专业规划教材

版　式　设　计

张　文　主编
杜艳艳　郭　杰　副主编

Layout Design

化学工业出版社
·北京·

内容简介

版式设计是关于编排的学问，是视觉设计的基础。本书按照设计新手必看、进阶修炼请关注、版式设计应用了解一下、大师排版时在想什么、实战锦囊五个进阶来编排。具体内容包括版式设计基础知识、核心知识技能、版式设计应用、设计拓展等知识。本书增加了在线教学资源，学习者可通过扫码学习的方式，获得更多的学习体验，使教材更丰富。

本书适合高职高专广告设计类、视觉传达设计类、艺术设计类专业学生使用，也可作为艺术设计类相关专业人员的参考书。

图书在版编目（CIP）数据

版式设计/张文主编. —北京：化学工业出版社，2020.11（2024.6重印）

ISBN 978-7-122-37758-6

Ⅰ.①版… Ⅱ.①张… Ⅲ.①版式-设计-高等学校-教材 Ⅳ.①TS881

中国版本图书馆CIP数据核字（2020）第175629号

责任编辑：李彦玲　　　　文字编辑：刘　璐　陈小滔
责任校对：边　涛　　　　装帧设计：李子姮

出版发行：化学工业出版社（北京市东城区青年湖南街13号　邮政编码100011）
印　　装：北京瑞禾彩色印刷有限公司
787mm×1092mm　1/16　印张8　字数163千字　　2024年6月北京第1版第3次印刷

购书咨询：010-64518888　　　　售后服务：010-64518899
网　　址：http://www.cip.com.cn
凡购买本书，如有缺损质量问题，本社销售中心负责调换。

定　　价：49.80元

版式设计是关于编排的学问，它通过对信息块的有效组织和美化，在信息和形式间架起桥梁，使观者能轻松阅读，获得美的体验和视觉的愉悦。它不是一门具体的设计，但支撑着多种设计，如UI设计、网页设计、招贴设计、书籍设计、包装设计等。它不仅是一种技能，更是技术与艺术的高度统一。

党的二十大报告指出，“实施科教兴国战略，强化现代化建设人才支撑”，基于此，本书增加或突出了大师的设计思维、版式中的空白编排、UI版式设计和常见版式设计问题等内容；图例注重选择经典和新颖的案例。同时，考虑到年轻学习者的阅读习惯，笔者编写时把本书的内容设计成学习者从入门到提升的过程，注重学习过程的体验与收获。书中课程安排有实训汇报或思考环节，可以让学习者课后强化所学。

本教材编写得到国家级资源库广告设计与制作子项目“版式设计”的支撑，编写团队成员同时为该课程的主讲教师，资源库建设中的资源引入教材，学习者可通过扫码学习的方式，获得更多的学习体验，使教材更丰富。

本书共五章，由重庆工业职业技术学院张文编写第一、二章，山东科技职业学院杜艳艳编写第三章，山东科技职业学院郭杰编写第四、五章，重庆工业职业技术学院赵梅思、刘静怡参与了部分内容的编写及资料整理。全书由张文负责统稿和审核。

在此，感谢化学工业出版社和张志颖老师的支持与帮助。同时也很庆幸我们所处的网络时代可以便利地共享资源。

版式设计内容涉及面广、知识量大，书中存在的不足和疏漏之处，希望有关专家学者和广大读者给予批评指正，多多提出宝贵意见，以便再版时修改和完善。期望本书能对学习者有所裨益！

编者

第一章 设计新手必看

第二章 进阶修炼请关注

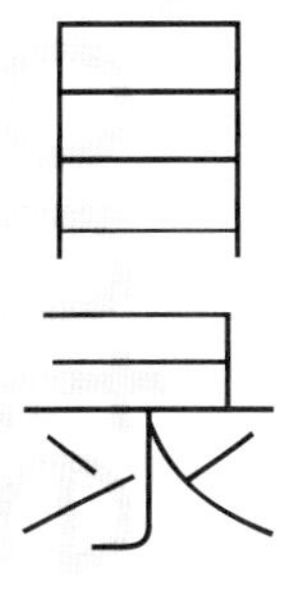
目录

第三章 版式设计应用了解一下

第四章 大师排版时在想什么

第五章 实战锦囊

参考文献

第一章
设计新手必看

版式设计是基础设计到专业设计的过渡，学习版式设计，需要先掌握一定的设计基础知识，如素描（了解形体、结构、比例、透视、空间、光影等）、色彩（光色原理、色彩三属性、色调、装饰色彩等）、构成知识（平面构成、色彩构成、立体构成等），同时要会操作一些软件，如Photoshop（位图软件必学）、CorelDRAW（矢量绘图软件选学）、Illustrator（矢量绘图软件选学）等。

学完版式设计，能够鉴别什么是好的版式设计，能够运用相关软件排版好一个页面、一本小册子，或者一个网页、一个UI界面，能够对页面有效地分割组合，使图片、文字、色彩、空白等元素得到恰当安排，并让主要信息得到强调。这时，你已拥有一定的排版处理能力和经验，审美水平有明显提高，可以进行专业的设计了。

第一节　什么是版式设计

在日常生活中，我们可以看到很多的视觉设计作品，如网页、手机界面、招贴、书籍、宣传册、传单、包装等，其中的优秀作品，有适宜的色彩、强有力的视觉形象，主题信息抢眼，各种视觉元素布局合理，人们在浏览信息的同时，也获得美的体验和视觉的享受。而那些糟糕的作品，各类视觉元素就不那么合理，甚至会造成阅读困难。造成这种反差的原因可能是设计师对既有文字信息提炼不够，更可能是不合适的版式编排，如简单、平淡、乏味、混乱、拥挤、比例失当、风格不统一、无主次、缺少视觉流程等是常见的问题。因此，从事视觉传达设计的人员，学习并掌握版式设计的知识技能很有必要。

图1-1和图1-2分别是手绘和摄影画面构成的海报，其图文编排合理，两幅电影海报形成了不同趣味，反映了不同民族的文化内涵，让人印象深刻。图文编排是版式设计要研究的内容。

一、初识版式设计

版式设计指设计师根据设计主题，在有限的版面空间内，运用形式原理，将版面构成

图1-1　电影海报《八佰》(中国)

图1-2　电影海报《痛苦与荣耀》(西班牙)

元素——文字、图形、色彩、空白等，根据特定内容需要，进行有机的排列组合，将设计构想以视觉形式表达出来，以实现信息的有效传达和版面的艺术化。

版式设计既是过程，也是结果。从过程看，它寻求以艺术手段表现版面信息，是一种直觉性、创造性的活动，它将版面信息和各元素，以视觉化、艺术化、个性化的方式表现出来。从结果看，它是文字、图形、色彩、空白等的有效组合，在让观者获得心理愉悦的同时，潜移默化地传达信息，在设计师和观者之间架起桥梁。

版式设计涉及平面设计的各个领域，在新媒体设计中也占有一定比例，它是视觉传达设计的重要组成部分。做好版式设计需要借鉴人类的一切优秀成果，“古为今用，洋为中用”，我们一方面追求将传统艺术精神融合于当代版式设计之中，另一方面应当努力吸收世界上优秀的版式设计理念与风格，不断提高我国版式设计的内涵与水平。图1-3至图1-6展示了中西方不同风格的版式设计作品。

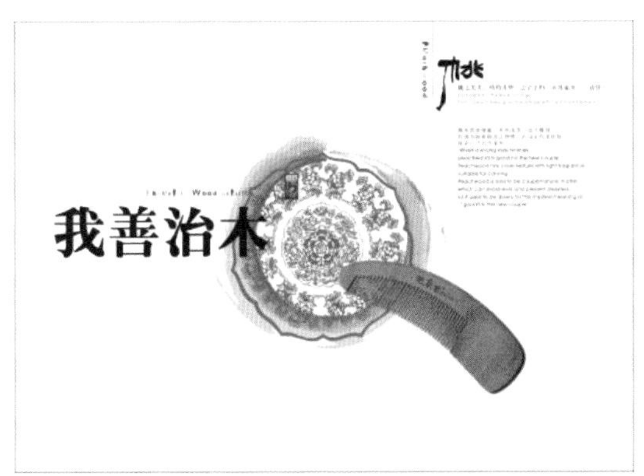

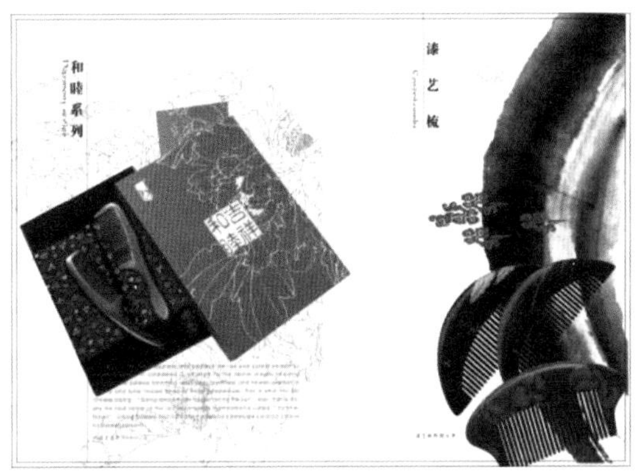

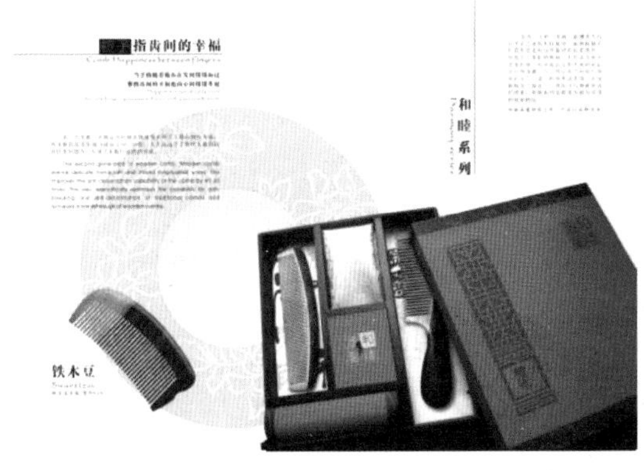

图1-3 《谭木匠》宣传画册

1.中国版式设计概述

2.西方版式设计概述

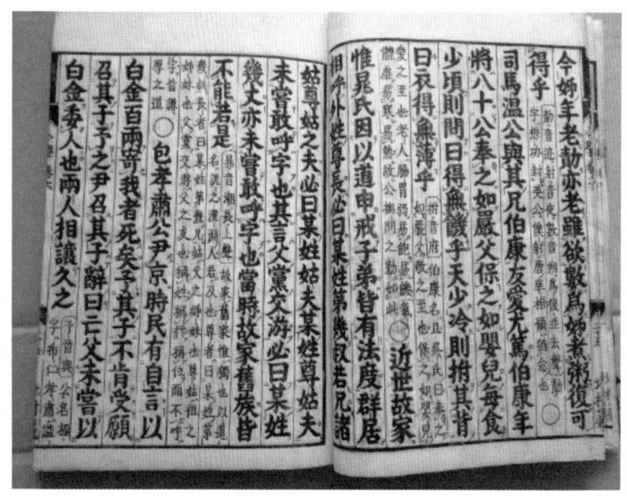

图 1-4　我国古代书籍的文字排版及插图设计

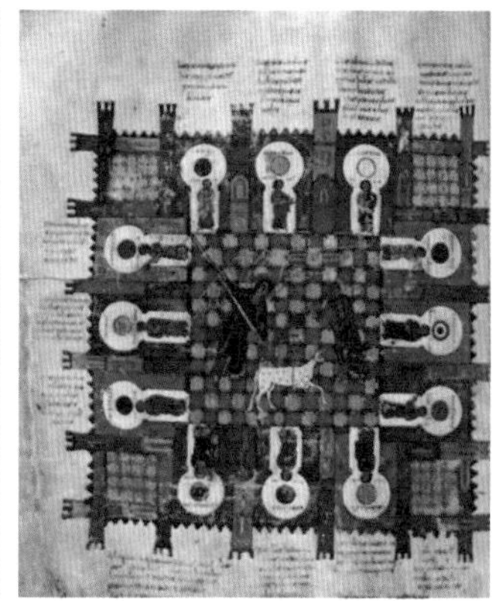

图 1-5　西方中世纪手抄本的版式设计

图 1-6
英国设计师 Mike Lemanski 的海报作品

二、版式设计欲达成目标

版式编排设计是依据形式美法则来组织版面各元素，让观者在享受美感的同时，接受设计师想要传达的信息。信息的有效传达和版面的艺术化是版式编排的目的。为实现信息有效传达，版式设计需建立良好的视觉秩序，让版面信息和视觉元素符合读者的视觉习惯。形式与内容统一、突出主题、主次分明、整体布局等手段能够让信息有效传达，并且在很大程度上可以实现版面的艺术化。如同舞台上默契的一对舞者，信息有效传达和版面艺术化互为对方增光添彩。图1-7的两幅海报很好地实现了版面的艺术化。

图1-7　中国东方演艺集团的海报

具体来说，我们在版式设计时要注意以下内容。

1.内容与形式统一

版式设计所追求的形式必须符合主题内容，即形式服务于内容，这是设计的前提。辩证法认为事物是矛盾的统一体，矛盾对立而统一，版式中的内容与形式就是矛盾的两个方面，两者相互对立，但要成为统一整体，需要相辅相成，互相配合（图1-8）。一方面，不能因为信息重要，在设计时只顾信息传播而不讲形式美感；另一方面，也不能过分为了美观，而随意堆砌设计元素，滥用效果，影响文字信息的阅读，这些都有害无益的。

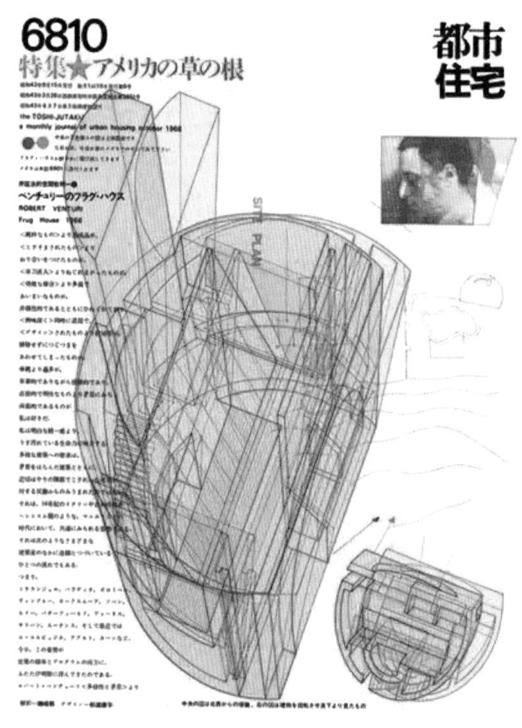

图 1-8　杉浦康平设计的《都市住宅》和《银花》

2. 主题突出

版式设计要突出主题，达到最佳诉求效果，画面形象绝非简单的图形描述，视觉形象选择应充分反映主题，达到个性主题与鲜明形象的契合（图1-9）。单纯化是突出主题的有效手段，设计时应删繁就简，去掉不必要的信息，使版面里的信息高度精练，使读者一看

图 1-9　主题突出的设计

就能轻松理解，准确接收到版面里的信息。如果设计元素过多且杂乱，读者阅读起来就困难甚至记不住或误解你想传达的信息，结果适得其反。画面单纯、目标清晰、易看易读，能使主题易于突出。

3. 主次分明

主体元素属于第一视觉点，次要元素属于第二、三视觉点，这要求版式设计首先要强化主体的视觉效果，再由其引导，使观者的注意力逐渐转向其他视觉元素。画面各元素主次分明，各安其位，既集中统一，又变化多样。主次各元素应根据版面需要，在位置、大小、形状、轻重上区分，再加上色彩的调配来实现。

按照主次关系，把主体形象或文字置于视觉中心，或占据其他重要的位置，能够突出主体。放大并强调主体形象或文字，削弱次要元素的位置、大小、轻重、彩度，通过对比，强化主体。在主体形象或文字四周增加空白量，能使被强调的主体形象鲜明突出。版面次要元素在方向、色彩上衬托、陪衬主体，也能强化主体（图1-10）。

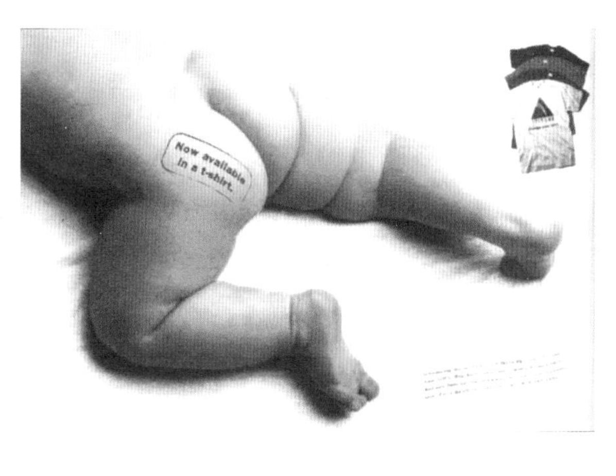

图 1-10　主次分明的设计

4. 整体布局

主题突出、主次分明需要整体的布局规划。将版面的各种编排要素在编排结构及色彩上做整体设计，加强整体的结构组织和视觉秩序，能使画面更有条理。整体布局包括水平结构、垂直结构、斜向结构、曲线结构、上下分割、左右分割、重复渐变、发射密集等。

加强相同或近似元素的集合有助于整体布局。设计时将文案中的同类近似信息组合成块状，使版面具有条理性，削弱零散元素对版面的破坏。跨页统一设计，能增强页面的视觉冲击力。利用平面中各组成要素在内容上的内在联系和表现形式上的格调融合，实现视觉和肌理的连续性，可使画面层次分明、和谐悦目且浑然一体。这些手段，均能加强整体布局规划，获得良好的视觉效果（图1-11）。

图1-11　结构布局和视觉秩序合理的设计

5. 审美性

画面美是版式设计的目的之一，在设计时需注重版面的审美性，使观者得到美的熏陶，获得心理的愉悦。形式美能让人产生美感，如比例与分割、对比与协调、节奏与韵律、对称与均衡、虚实与空白、单纯与层次等。在版式设计时，要有意识地运用形式美法则，创造美的版式，让观者在愉悦的情绪中接受信息。精美而又艺术化的图片、巧妙的文字设计处理、色彩单纯化也能提高版式的审美，对这些元素的设计要认真对待。

6. 个性化

好的版式设计是设计师独特风格的体现，用新颖的表现吸引读者，创建独特的个性风格是设计师的追求。历史上的优秀版式存在着多种多样的设计风格，可概括为感性设计和理性设计两大类，一如诗歌中的李白和杜甫。

设计师应根据不同的内容和自身个性的差异，寻找与内容相吻合、与个性相一致的设计风格。或追求无规则的空间，或追求幽默、风趣的表现形式，或简洁大方、活泼热情，或严谨规则、富有哲理，或富有装饰味，或浪漫风流等。总之，要赋予版面不同的个性，并形成自己的风格（图1-12）。

图1-12　融审美性与个性化的设计

三、版式设计流程

版式设计是视觉类设计的形式部分。设计是内容与形式的统一体，没有脱离内容的设计，所以版式设计流程要放在整个视觉设计流程中，它是创意后的形式实现部分。

第一步：定位目标读者，明确设计构思（或创意）。

第二步：寻找、收集用于表达构思的素材——文字、图形、标识等。表达信息的文字要简洁、贴切、有效。图形可选用摄影图片、手绘图形，也可在素材库收集部分素材，应该根据设计主题和版面情况确定图形的数量和色彩（无彩色系、彩色系）。标识一般使用甲方提供的图标。

第三步：确定版面视觉元素的布局（构图）。

第四步：利用相关软件制作。在制作过程中，要考虑到信息是否突出，主次是否分明，图片效果如何，图文搭配是否合理，色调是否统一，色彩关系协调与否……可依据版式欲达成目标对照检查，以实现信息的有效传达和版面的艺术化。

第五步：检查修改，力争完美。

第二节　版面构成形态

版式设计中的点、线、面可以是抽象的几何图形，如图1-13所示，有时也表现为文字、图形、色彩、符号、空白等元素的视觉概括。点线面在版面中不仅具有简单的造型，还表现为上述具体的视觉形象，从形式上看是点、线、面，从内容上看是图、文、色、空白等，因此，对它们的理解要两者结合起来。

图1–13
几何形点线面的版式设计

版式设计处理的是图、文、色和空白的关系，如果把图、文、色和空白抽象为点、线、面，实则是处理点、线、面的构成关系。我们用网格把版面分成不同区域，区域中再置入文字或图片，这相当于面的应用。一行文字、一条色线、行间空白，是线在版面中的应用。一个图标、一个页码则可理解为点。当我们把已做好的页面放远时，或用电脑处理时把页面缩小，这种感觉相当明显。

优秀的版式设计通过对元素的有机组合建立良好的秩序。将版式设计元素转化为点、线、面，为建立秩序提供了方便。点、线、面的构成，体现着设计师的匠心，所以设计师要理解点、线、面的艺术语言，不断地排列组合，使版面更有艺术性（图1-14）。

一、点的编排构成

版面中的点可以是小圆形、小方块、小墨点、小色点（图1-15），也可以是一个字母、一个数字、一个页码，一个图标。一般来说，它们是小块的孤立的，这种点有强调和引起注意的作用，形成视觉“亮点”，起到“画龙点睛”的作用，可突出主题，如商标（图1-16）。

Follow

Here's a customizable template for calculating & tracking marketing and sales goals for 2017: hubs.ly/H05MxS00

Mongolfiere o cipolle?

ESSELUNGA

Da noi la qualità è qualcosa di speciale

图 1–14　抽象成点线面的组合画面

图 1–15　点的编排构成

图 1–16　易被看成点的商标

点是力的中心，有张力和作用力。当点居于几何中心时，上下左右空间对称，视觉张力均等，既庄重又不呆板，这类版式适合应用于电影海报等大幅面的平面作品中。点偏左或偏右，会产生向心移动趋势，过于边置容易产生离心式动感，这种方法适用于各类较为活泼的招贴设计。将点放置于上、下边位置，会使人有上升、下沉的心理感受，这种多用于强化主题和对比较为明显的平面设计作品中。图1-17至图1-19展示了三种点的编排构成。

图 1–17　聚集点的编排构成

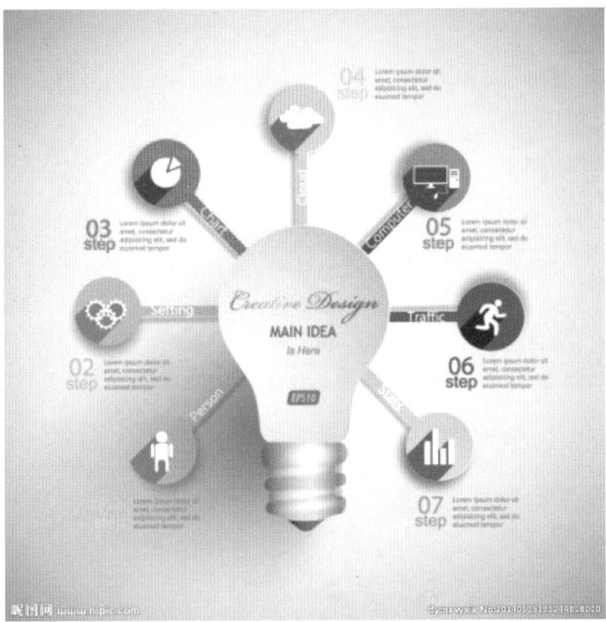

图1-18　浮动点的编排构成

图1-19　放射点的编排构成

将篇首字放大形成点，起着引导、强调、活泼版面和成为视觉焦点的作用（图1-20）。点在基本画面中的重复排列，有很强的形式美感，组合的点通过群体的力量可带来更丰富的感官体验（图1-21）。点在画册中镂空，会与底层页面形成空间感（图1-22）。点的不规则排列，给人轻松活泼的感觉（图1-23）。

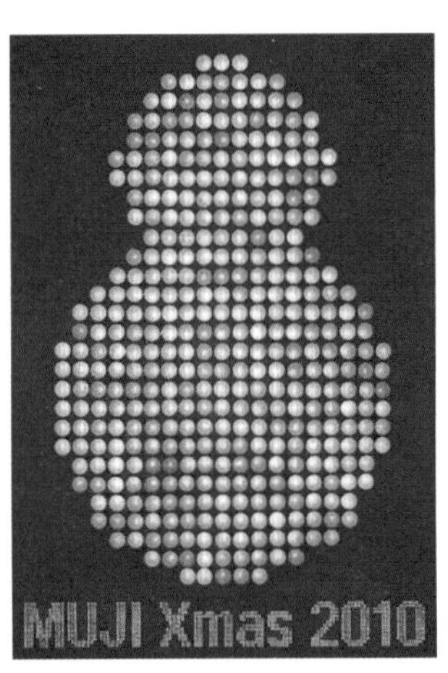

图1-20　首字放大的点

图1-21　点的重复编排

图1-22　点的镂空编排

在设计中，将视点导入视觉中心的设计，如今已屡见不鲜。为了追求新颖的版式，更特意追求将视点导向左、右、上、下边置的变化已成为常见的版式表现形式。另外，准确运用视点设计表述情感，使设计作品更加精彩动人，正是版式设计追求的更高境界。

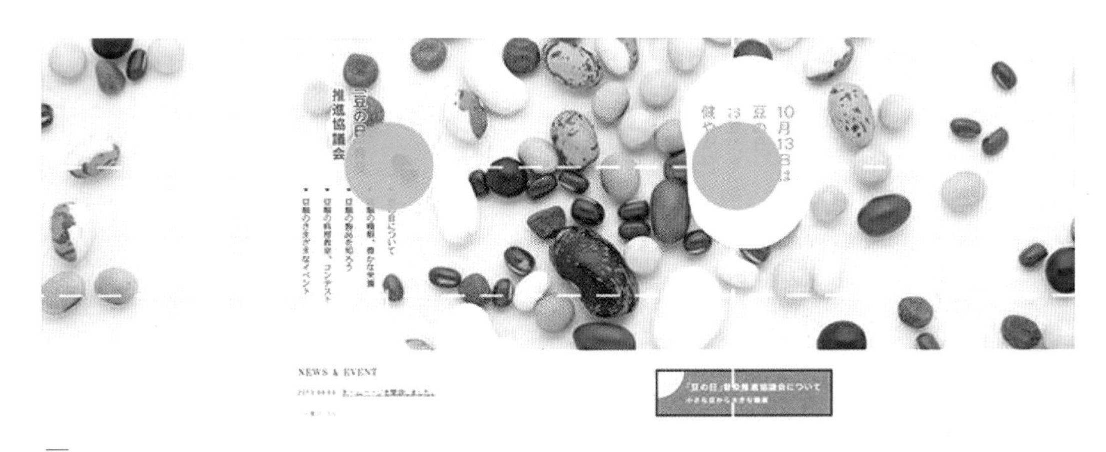

图 1-23　点的不规则编排

3.版式设计中的线

二、线与空间的关系

版面中的线形态多样，有直线、曲线、虚线、明线、暗线等，除实形的线外，一行文字、一行空白都可理解为线。与点相比，线有浓厚的情感，在设计中的影响力大于点，它可装饰画面，其延伸带来一种动势，可串联起视觉要素，可分割画面和图像文字，使画面产生“力场”，可约束空间，还能引导视线。

1.线的装饰作用

版面中的线可以作为装饰线、辅助图形以及背景装饰等，提升画面好感（图1-24）。

2.线的空间分割

为了突出重点、区分层次、建立视觉次序，采用线把不同类型和不同层次的内容分隔开。在进行版面分割时，既要考虑各元素彼此间支配的形状，又要注意空间所具有的内在联系，保证良好的视觉秩序感，这就要求被划分的空间有相应的主次关系或呼应关系，以此获得整体和谐的视觉空间（图1-25）。

将多个相同或相似的形态进行空间等量分割，以获得秩序与美，图文在直线的空间分割下，可形成清晰、条理的秩序，同时使得画面统一和谐。在网格分栏中插入直线进行分割可使栏目更清晰、更具条理，且有弹性，增强文章的可视性。通过不同比例的空间分割，版面可产生空间上的对比与节奏感，还可起到引导视线的作用，如图1-26所示。

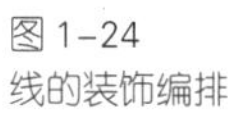

图 1-24
线的装饰编排

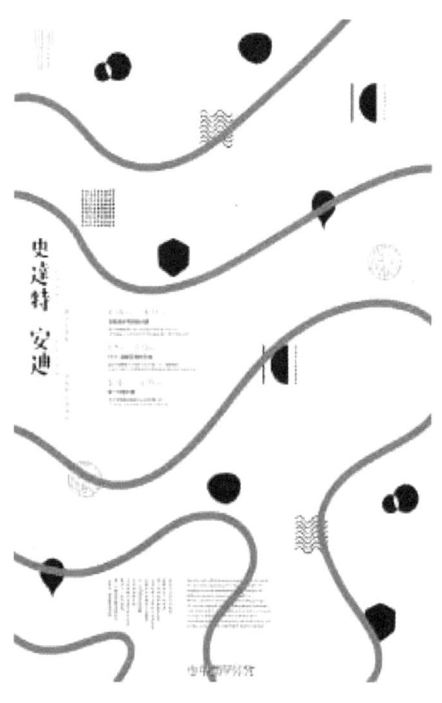

图 1-25
线的装饰与空间分割

图 1-26　有装饰、分割空间和引导视线作用的线

3. 线的空间“力场”

“力场”是一种虚空间，是对一定范围的空间的知觉或感应，也是“心理空间”。在版面中所产生的“力场”，需在空间被分割和限定的前提下才能产生。具体地说，在文字和图形中插入直线或以线框进行分割和限定，被分割和限定的文字和图形会使观者产生紧张感并引起其视觉注意，这正是“力场”的空间感应。这种手法，增强了版面各空间相互依存的关系，而使之成为一个整体，并使版面获得清晰、明快、条理、富于弹性的空间关系。至于“力场”的大小，则与线的粗细、虚实有关。线粗、实，“力场”感应则强；线细、虚，“力场”感应则弱。栏间分割用空白，“力场”弱，是静的表现；用线，“力场”强，是动的表现。如图1-27中，虚线起到空间分割和引导视线的作用。

图1-27　虚线的作用

4. 线框的空间约束功能

在强调情感或动感的出血图中，若以线框配置，动感与情感则会获得某种规范。线框细，版面则轻快而有弹性，但场的感应弱；当线框加粗，图形有被强调的感觉，同时会诱导视觉注意；但线框过粗，版面则会变得稳定、呆板、空间封闭，其场的感应明显增强。

在版式中加入大跨度的斜线是一种常用的增强设计感的方法，《WAKE UP》画册中线的形式为长条形的色块，斜向把版面整个分成了N等分，不仅提升了版面的气质，本身也是一种装饰（图1-28）。

对线的理解不能仅仅停留在版面中形态明确或抽象的线，实际上，我们在阅读一幅版面时，视线是随各元素的运动而移动的，这种感受人人都有体会，只是大家未曾注意到自己构筑在视觉心理上的这条即虚又实的“线”，因而容易忽略或视而不见。实质上，这条

图1-28 《WAKE UP》杂志版式

空间的视觉流动线，对于每一位设计师来讲，都具有相当重要的意义。如图1-29 ~ 图1-34展示了不同的线元素对版面效果的作用。

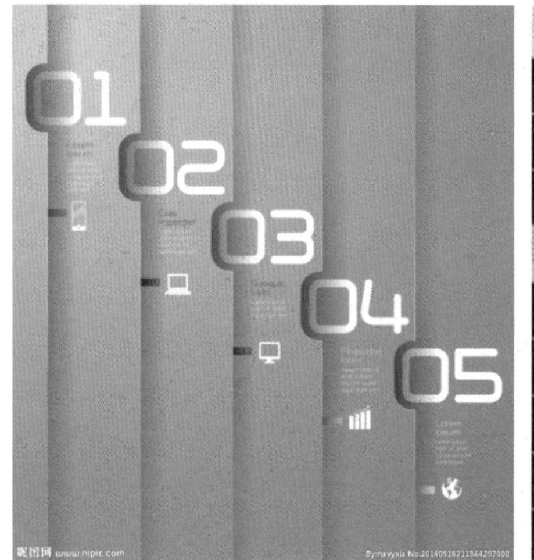

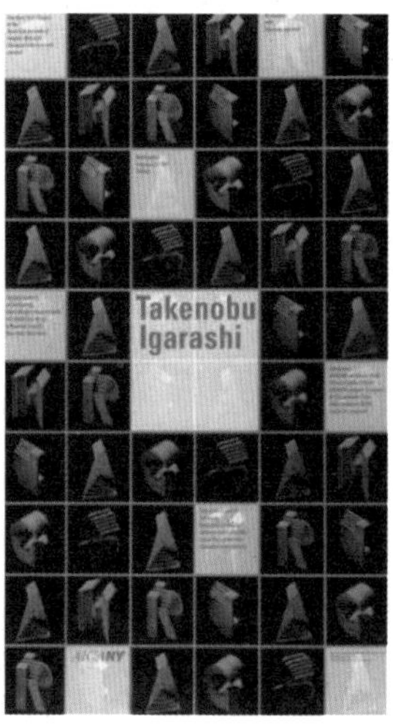

图1-29
线对空间的等量分割一

图1-30
线对空间的等量分割二

图1-31
线框的约束及强调功能

图1-32 黄线的视线引导

图 1-33　视线引导

图 1-34　视线引导与线的空间分割

三、面的版面构成

面可理解为点的放大或线的平移，点的密集（图1-35）或线的重复（图1-36）。线的分割产生各种比例的空间，这些空间形成各种比例的面。一幅图片、一段文字、一片空白、一个色块，都可理解为面。面以形状和颜色呈现，是画面丰富度的最佳代言，面有改变版式的作用，效果要比线强烈得多，面在版面中具有平衡、丰富空间层次，烘托及深化主题的作用。

图 1-35　点的密集形成面

图 1-36　线的重复形成面

面可分为几何形面和自由形面（图1-37、图1-38）。几何形面是规则的形状，其外形有方形（图1-39）、圆形（图1-40）、菱形、三角形等。方形面简单明了、直率，在版面中有严谨、规整的效果，网页设计和UI设计常采用方形面。圆形面有对称、秩序、优雅、和谐、飘浮、灵动之美，常用于柔和或女性的主题。自由形面其外形不规则，如水草、乱线、印迹、墨点、书法笔触等，有自由、偶然、意外之趣，给人很大的想象空间。

面可以分割画面，可以衬托文字，可以叠压在图片上，也可以作为一种辅助图形装饰。在编排中，可将主体图片或标题文字形成的面放大，次要图片形成的面缩小，以此来建立良好的主次、强弱关系，从而增强版面的节奏感和秩序感（图1-41、图1-42）。

图1-37　自由形面

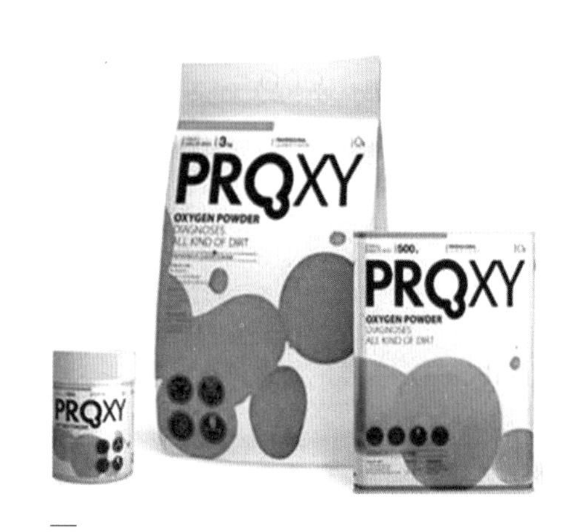

图1-38　自由形面

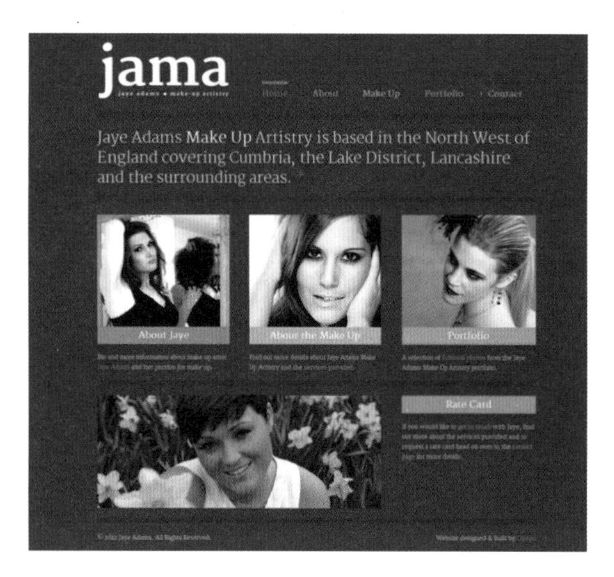

图1-39　方形几何形面

图1-40　圆形几何形面

图1-41　大胆的画面分割、大量的不规则面应用

图1-42　面的叠压

前后叠压的面构成不同的空间层次。将面做前后叠压排列，可产生强节奏的空间层次。在前后叠压关系或版面上、下、左、右位置关系中做疏密、轻重、缓急的位置编排，可使空间层次富有弹性，同时使观看产生紧张或舒缓的心理感受。

点线面的编排关系往往是同时具有的，可能是以某一种元素为主，其他为辅助，而不单纯是以一种元素出现，这一点在设计时要注意。图1-43、图1-44是综合应用了点线面的版式设计。

图1-43　点线面的综合应用一

图1-44　点线面的综合应用二

第三节　如何选择开本大小

开本指印刷品的规格大小（图1-45），即一张全开的印刷用纸裁切成多少页，它是以整张纸裁开的张数作标准来表明它们的幅面大小。标准正度纸的尺寸为787mm × 1092mm，大度纸的尺寸为889mm × 1194mm。把一整张纸切成幅面相等的16小页，叫16开，切成32小页叫32开，以此类推。

图1-45　不同开本的书籍

一、根据媒体选择版面开本

决定开本大小的因素有媒体类型、纸张尺寸和装订方式等。印刷媒体包括海报、宣传册、手提袋、书籍、信纸便条、名片、展板等，常见的尺寸如表1-1、表1-2。

表1-1　平面设计常用尺寸

品名	海报	宣传册	手提袋	书籍	信纸便条	名片	展板
开本	540×380	210×285	400×285×80	260×185	210×285	90×54	90×240

注：单位均为mm。

表1-2　常见开本对照表

开本	16开	8开	4开	2开	全开
正度	185×260	260×370	370×540	540×740	787×1092
大度	210×285	285×420	420×570	570×840	889×1194

注：成品尺寸 = 纸张尺寸 – 修边尺寸，单位均为mm。

印刷品的定位及特征是决定开本的重要因素。书籍中文字类的，会选择小开本，如32开、64开（多用于中小型字典、连环画），便于捧着读。自助游手册一般是小开本，便于携带。图像类的开本大一些，如高清画册选8开、大8开，以强调画作或摄影作品的图像魅力。图文混排的一般是16开，如杂志。如果是系列书，需要同一大小的开本。报纸或挂图包含大量的图文信息，需要较大的开本，如全张、对开、4开和8开等。随着喷绘技术的发展，以及材料的扩展，印刷品的尺寸有不断扩大的趋势。

计算机及信息技术的发展，使版式设计的载体已不局限于印刷品，我们很难用开本的概念来约束。但有些版式设计仍受制于载体，如网页设计受制于电脑屏幕尺寸（图1-46），UI设计受制于手机（图1-47）、掌上电脑的尺寸。电子屏幕的缩放、滚动等功能，打破了传统载体对内容和形式的限定，使版式设计迎来新的空间。

图1-46　网页版式设计尺寸

图1-47　手机 App 界面尺寸

二、成本影响开本选择

印刷媒体需要计算版面对纸张的使用需要，如果没有仔细计算，则很可能造成纸张浪费，增加印刷成本。书的页数、开本大小、用纸规格、印刷数量，需要结合起来计算，应该追求印刷成本最小化。大开本和小开本都有许多不同的规格，有的区别很小，如同属小开本的有50开、46开、44开、40开等。同样的开本，因纸张不同所形成的形状不同，有的偏长、有的呈方。16开至32开的所有开本，各类书籍均可应用，适用范围较广（图1-48）。

节约是一种美德，但世界的精彩在于它的多样性、丰富性。对于以美化人们生活为目标的设计更是如此。逛书店时，有时候一本书吸引你的注意，可能是因为它的形状大小和周围的同类书不同，而正是这种差异使其脱颖而出。开本太奇特或少见，会对印刷设备有更高的要求或有很麻烦的制作过程，因此成本会增高，继而影响定价和销量，所以设计时要综合考虑。图1-49和图1-50展示了正常开本的书和异形开本的书。

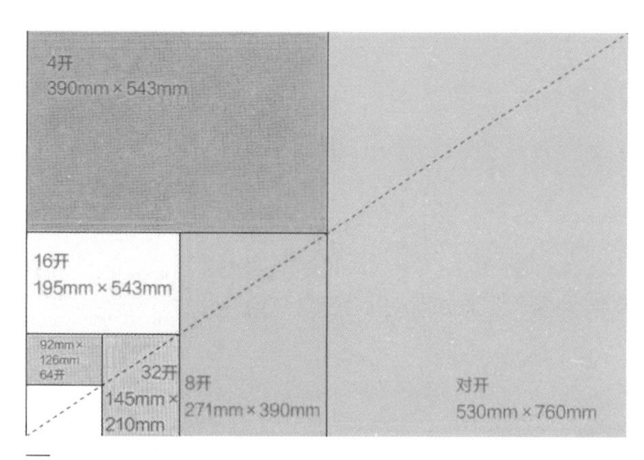

图1-48　纸张开本的多种尺寸

图1-49　正常开本

图1-50　异形开本

三、装订对页面尺寸的影响

在实践中，有正偏开本、方长开本、横竖开本等。对于需要装订的书籍、画册等印刷品，装订方式不同，翻阅册子的方便程度也不同。如果从页面中间用骑马钉装订，从中间装订时随着页数的增加，册子厚度也会占去小部分的页面面积，所以外侧的折页尺寸一般会比内侧折页要大。在实际排版时，我们可以根据每一折页的顺序依次调整1mm的页面宽度。

跨页设计时，有些图片占据了两个页面。在装订后常常会使订口附近的图片显示不全，给人感觉是图片被切断了似的，导致图片的展示效果受到影响。为避免这种问题，常常将位于订口位置的图片宽度调为原宽度的两倍，这种处理方式叫做双修剪，可以有效解决出版装订后造成的阅读不便。

实训与汇报

1.分组汇报。在UI设计、招贴设计、包装设计、网页设计、书报设计中各找两张版式设计作品，分析作品主题是什么，画面主体元素是什么，次要元素与主体元素的关系是怎样的，此关系是否合理？分析所选作品的排版是否起到了突出主题（或重点）的作用？要求：3人一组，以PPT方式汇报。

2.临摹与归纳。选择已收集的版式设计作品或本书的案例一张进行临摹，再将原有作品抽象成点、线、面的方式呈现，比较两张作品，写下自己的体会。要求：每张作品为A4大小，运用PS/CDR/AI任意软件表现，将你的体会写在设计作品旁边。

第二章
进阶修炼请关注

通过第一章的学习，我们已经知道什么是版式设计，它要达成什么目标，了解了版面构成形态（点线面）及对版面效果的影响，并能选择不同类型的开本。可以说，我们已经进入版式设计的大门了，现在需要打入其内部，掌握版式设计构图、版式设计元素（文字、图形、色彩、空白）编排、版面率调整，认识版式设计的形式美法则，学会使用网格、视觉流程协助设计。

这个阶段的修炼，就是对版式设计做解剖，了解其内部结构与运行原理。著名画家李可染讲："用最大的功力打进去，用最大的勇气打出来"。这讲的是绘画创作，其实，对于版式设计也一样。我们需要掌握版式设计的各个组成部分及整体的运行原理，但不能被这些条条框框限制住，真正的高手，是掌握规律后的自由。

第一节　版式设计构图与视觉流程

构图是版式设计时首先要考虑的问题，它指在给定的版面上各元素的布局结构，结构定了，效果就确定了近一半。常见的构图类型有10多种。现代版式构图基本上是建构在源于瑞士的网格体系上，它与网格密切相关。

版式设计绝不仅仅是确定好结构，将各版式元素安排进去就完事。我们在版式设计欲达成的目标中看到，它要突出主题，使主次分明、内容与形式统一，且具有审美性、个性化等，其落脚点是信息的有效传达和版面的艺术化。这需要在各元素间建立联系，利用视觉流程知识使其成为有机整体。

一、选择适合的构图方式

版式构图有满版型、分割型、骨格型、中轴型、曲线型、倾斜型、对称型、重心型、三角型、并置型、自由型和四角型等。其中满版型、分割性、曲线型、倾斜型、三角型和自由形较常见。

1.满版型

版面以图像充满整版，主要以图像为诉求，视觉效果直观而强烈。文字压置在图像不重要的部位上。满版设计不留固定的白边，图像、图形作“出血”处理，有向外扩张和舒展之势，多用于传达抒情或运动信息的页面。因为不受边框限制满版型的构图感觉上与人更加接近，便于情感与动感的发挥。

满版型是商品广告常用的形式，一般运用于图像表现力强的海报招贴、书籍封面、个性杂志、产品样本和包装设计。随着网络的普及，这种版式在网页设计中运用得越来越多（图2-1 ~ 图2-5）。

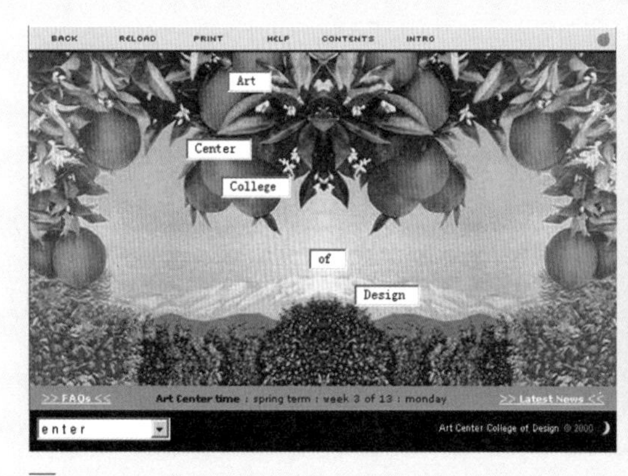

图2-1　网站中的满版设计

图2-2　书籍封面的满版设计

图2-3　海报的满版设计

2.分割型

分割型版式设计，是把整个版面按照一定比例分成上下或左右两部分，分别安排图片和文字。这是一种比较常见的版面编排形式，其特点是版面中各元素容易形成平衡，结构稳当，风格平实。分割型版面中的两个部分会自然形成对比，图片部分感性、有活力，文案部分则理性、平静。

上下分割型是把整个版面分成上下两部分，在上半部或下半部配置图片（可以是单幅或多幅），另一部分则配置文字（图2-6、图2-7）。左右分割型是把整个版面分割为左右两部分，分别配置文字和图片（图2-8）。左右两部分形成对比时，会造成视觉心理的不平衡。不过这种不平衡仅是视觉习惯上的问题，它表现出来的视觉流程不如上下分割型的自然。

除上下分割和左右分割外，按照分割后的形状可分为等形分割（图2-9）和自由分割（图2-10）。等形分割要求形状完全一样，分割后再把分割线加以取舍，会有良好的效果。自由分割是不规则的，随意性的，给人活泼、不受约束的感觉。

图2-4　满版型一

图2-5　满版型二

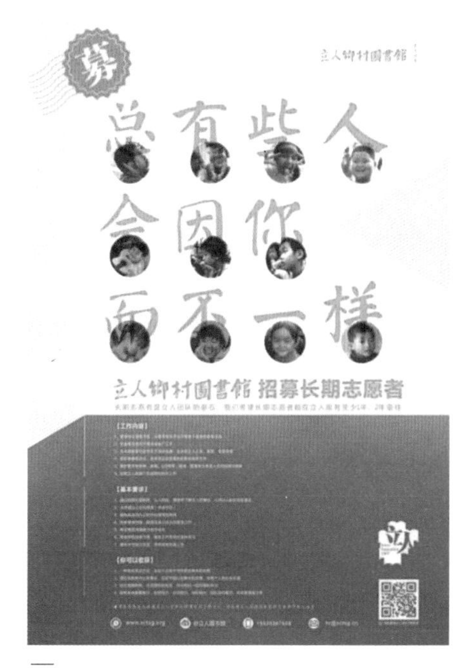

图2-6　上下分割型一

图2-7　上下分割型二

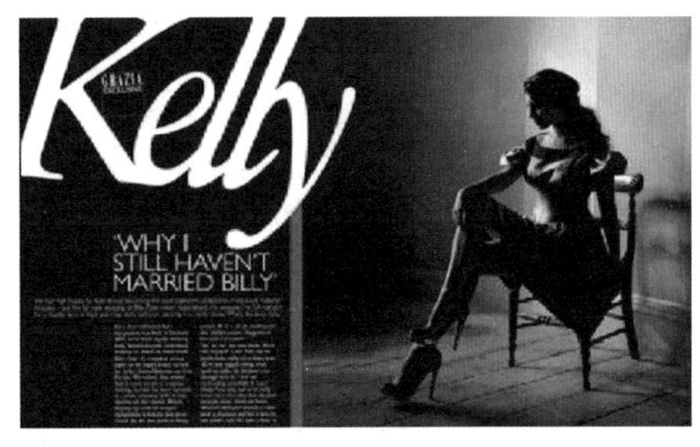

图2-8　左右分割型

图2-9　等形分割

图2-10　自由分割

分割型版式是一种规范的、理性的分割方法。版面的分割首先以图片吸引观者的注意，然后将视线引向文字。版面上文字与图形的分割，使版面对立而统一；同时让版面产生更多的层次，版面的空间得到延展，形象得到强调，这样可增加观者的兴趣。但是，这种编排形式容易使画面显得平淡沉闷，因而必须在具体设计的细微处求变化。如将分割线虚化处理，或用文字、色块左右穿插或重复，使分割后的图与文会变得自然和谐。

3.曲线型

曲线型版式是用图形、文字以曲线的形式分割或编排，以达到流畅、轻快、富有活力的视觉效果。曲线型的版式设计具有流动、活跃、动感的特点。曲线和弧形在版面上的重复组合可以带来韵律与节奏。当文字或图形有一定的数量时，需要注意形象的方向和位置的错落，或者形象渐次的变化，以起到增强版面动感的作用（图2-11、图2-12）。

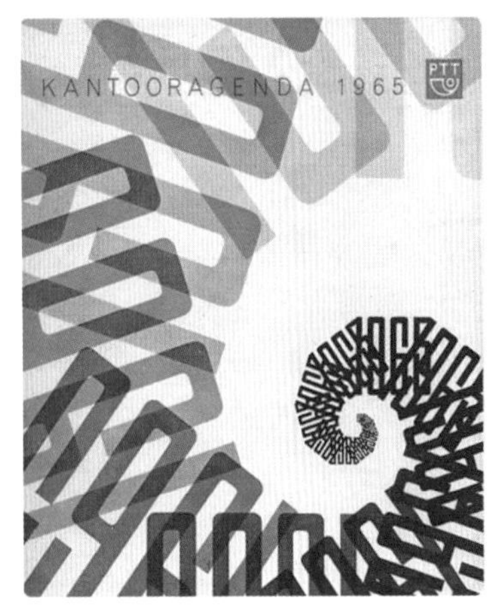

图2-11　曲线型一

图2-12　曲线型二

4.倾斜型

倾斜是将文字或图形排成倾斜状，使版式具有方向感和节奏感，有强烈的视觉效果。这是一种很有动感的构图。在版面编排中，图形或文字的主要部分向右或向左做方向性倾斜，使视线沿倾斜角度移动，造成一种不稳定感，吸引观者的视线。这种设计形式最大的优点在于它刻意打破稳定和平衡，从而赋予图形或文字以强烈的结构张力和视觉动感。倾斜感产生的强度与主体的形状、方向、大小、层次等因素有关。在设计中，要根据主题内容把握倾斜角度与重心（图2-13、图2-14）。

图2-13　倾斜型一

图2-14　倾斜型二

5.三角型

在圆形、矩形、三角形等基本图形中，正三角形（金字塔形）最具有安全稳定感；倒三角形则会产生活泼、下坠的感觉，易产生动感；斜三角形有明确的方向感，既有动感又有方向感。在版式设计时，用正三角形时应避免呆板，可通过对文字和图片的叠压或边缘的变化来打破呆板的感觉，而用倒三角形时要考虑适当的支撑力，既要动感也要平衡。三种类型如图2-15 ~ 图2-17所示。

图2-15　正三角型

图2-16　倒三角型

图2-17　斜三角型

6.自由型

自由型是无规律的、随意的编排构成，有活泼、轻快的感觉。在编排时，将相关内容的要素在版面上做不规则分散状排列，这种貌似随意的分散，其实包含着设计者的精心创意。视点虽然分散，但整个版面仍给人统一完整的感觉。总体设计时应注重统一气氛，对色彩或图形进行相似处理，注意节奏、疏密、均衡等变化，注意图像的大小、主次、以及退底图和出血图的配置，避免杂乱无章，做到形散神不散，同时又要突出主题，符合视觉流程规律，这样方能取得最佳表达效果（图2-18、图2-19）。

图2-18　自由型一

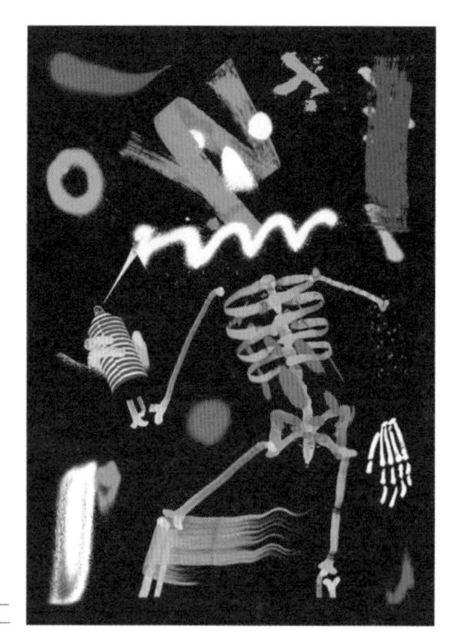
图2-19　自由型二

除去上述六种构图外，还有骨格型、中轴型、对称型、重心型、四角型、并置型等构图，各有其优点。现在的版式设计将传统的东西解构重组，加入大量的主观创造，运用肌理与叠加（图2-20）、错位与推移（图2-21）、强对比（图2-22）等手段使版式呈现出新的

图2-20　肌理与叠加

图2-21　错位与推移

图2-22　强对比

构图形式和新的视觉效果，体现出一切皆有可能的理念和存在即合理的特点。设计中没有一个限定的或特定的构图让人生搬硬套，设计的目的就在于不断创造出新的风格形式，新的视觉语言，改变人们既有的思维定式、消费选择，激发或培养人们新的生活意趣和生活品质。所以，在具体的设计中应大胆探索，力求使版式设计形式像所要表达的内容那样日新月异、丰富多彩。

4.版式结构一

5.版式结构二

6.网格作用

二、网格助你优化版面

现代版式设计基本上都是建构在源于瑞士的网格体系上，随着时间的推移，以及网格体系的不断发展完善，才创造出丰富的版式形态。

网格是设计时的辅助线，它由相同间距的垂直线与水平线相交构成网格单元，将二维平面划分成若干区域，然后用这些区域作为组织设计素材的基本框架，建立合乎数理逻辑的版面秩序。这种形式的版式设计通常给人简洁、严谨、有条理的感觉，可帮助设计者创造出井然有序又富于对比和节奏感的版面，从而能提高版面的易读性和信息传递的效率（图2-23、图2-24）。网格强调秩序、比例、清晰和严密等感觉。

图2-23　网页的网格体系

A1 FULL CYAN MAGENTA BLACK

Must-see ACC on TV
SPORTS, C1

They say images depict sexual abuse, torture, but debate

Wanted: Marriage tales
LIFE/STYLE, D1

The State

Thursday, May 13, 2004

Tax credit proposal dies in House

Bill to aid parents of private school students likely to be revived next session

THE U.S. AND IRAQ

New, graphic photos deluge lawmakers

They say images depict sexual abuse, torture, but debate over making them public continues

Voting machine contract at risk

Hearing to address challenge to bid for touch-screen system in S.C.

Graham calls latest photographs 'devastating'

U.S. says it urged Berg to leave Iraq

Details of final weeks of man killed by militants remain a mystery

INSIDE

INDEX

WEATHER

图2-24　报纸的网格约束

图 2-25　九宫格式网格

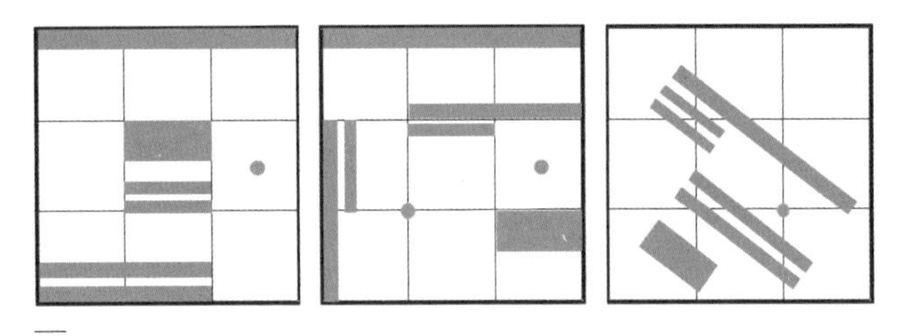

图 2-26　网格设计中的水平构成、垂直构成、倾斜构成

图 2-27　对称式网格

网格设计又称为标准尺寸设计或比例版面设计，它运用数字的比例关系，通过严格的计算，把版心划分为无数统一尺寸的网格。将版面分为一栏、二栏、三栏或者以九宫格形式（图2-25），把文字与图片安排于版面中，使版面合比例、有呼应，产生节奏韵律感。网格最重要的作用就是规范版面，使版面有秩序感和整体感，合理的网格结构能够帮助设计者在设计时掌握明确的版面结构，这一点在文字的编排中尤为重要（图2-26）。网格设计创造了简洁、朴实的版面艺术表现风格，曾对现代平面设计产生过广泛影响。随着版式设计的电脑化，网格越来越受到设计界的重视。

网格设计程序可分解为三步。第一步创建网格。第二步依据网格自由选择使用方式。在使用中，可以将每一个网格单元都加以利用也可以只利用部分网格单元。在每个网格单元中，既可以全部占满，也可以部分利用。第三步脱格。将网格利用完成之后，删除网格，留下内容。

网格主要表现为对称式网格和非对称式网格两种。

1. 对称式网格

所谓对称式网格就是版面中左右两个页面结构完全相同，有相同的页边距（图2-27）。对称式网格是根据比例创建的，而不是根据测量创建的。对称式网格的主要作用是组织信息，平衡左右版面。对称式栏状网格分为单栏网格、双栏网格、三栏网格、四栏甚至多栏网格等。单栏网格易使读者阅读疲劳，双栏网格较严肃、解说性强，三栏网格较活跃，多栏网格的页面饱满而热烈，适合设计信息较多的页面。

2. 非对称式网格

非对称式网格是指左右版面采用同一种编排方式，但是并不像对称式网格那样严谨。非对称式网格结构在编排过程中可以根据版面需要调整网格栏的大小比例，使整个版面更灵活有生气。非对称网格主要分为非对称栏状网格与非对称单元格网格，如图2-28、图2-29所示。

网格设计的主要目的是能够保证版面的统一性，在版式设计中设计师根据网格的结构形式，能在有效的时间内完成版面结构的编排，排除设计时的偶然因素所造成的失败，从而快速地设计出成功的版式，常用的网格设计布局如图2-30所示。网格设计非常实用，具有科学性、严肃性的特点，但如果过于追求网格形式感，也会给版面带来呆板的负面影响。设计师在运用网格设计的同时，应适当打破网格的约束，使画面活泼生动，如合并或突破固有的网格（图2-31），加入一些变异的设计就显得十分必要。

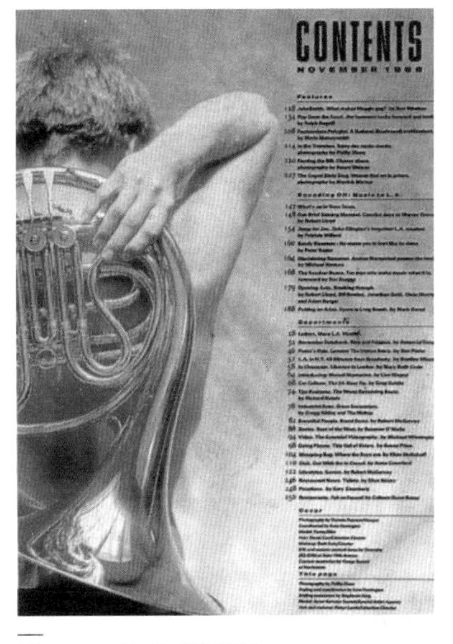

图2-28　非对称栏状网格

图2-29　非对称单元格网格

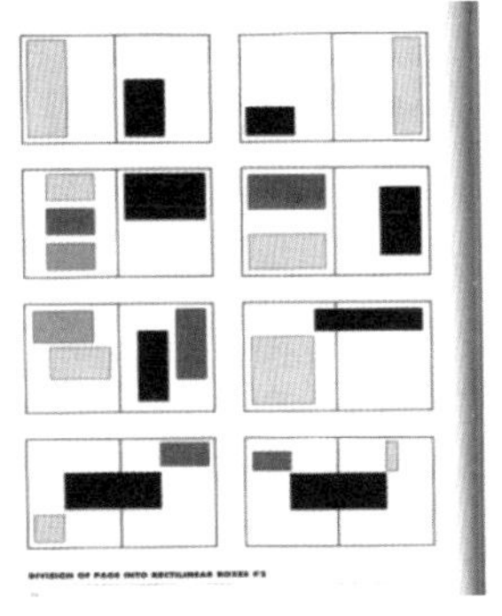

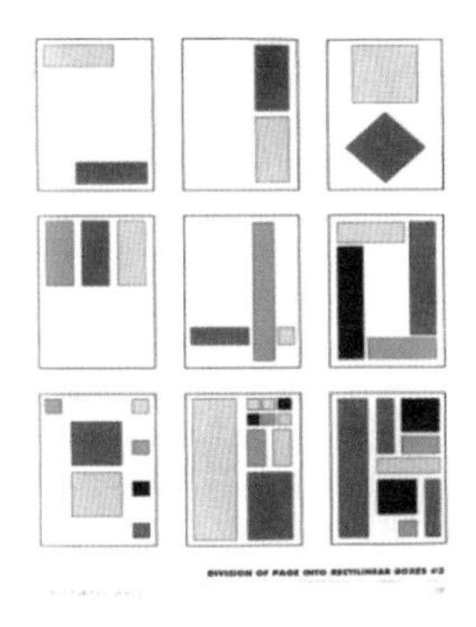

图2-30　常用网格设计布局

图2-31　合并网格设计

7.视觉流程

三、视觉流程，教你轻松引导视线

版式设计的视觉流程是一种“空间的运动”，是视线随着设计元素在版面空间沿着一定轨迹运动的过程，是人们在接触外在信息时的视觉顺序。版面中存在大量的信息，但人们不能同时感受所有的信息，这是由人眼的生理构造决定的，人眼只能产生一个焦点，而不能同时把视线停留在两处或两处以上的地方。人的视觉总有一种自然的流动习惯（先看什么，后看什么），所以人们会按照一定的顺序来进行观察和感知对象。

视觉流程往往会体现出比较明显的方向感，它无形中形成一种脉络，似乎有一条线、一股气贯穿其中，使整个版面的运动趋势有一个主旋律。这种流动的线条并没有实实在在出现，而是引导人的视线，是使观者依照设计师的意图来获取相关信息的“虚拟的线”。视觉流程处理视觉起点、视觉顺序的节奏，不仅有引导视线的作用，还有营造视觉空间、强化信息主体、活跃版面效果的作用。

如图3-32，我们在阅读左图文字时，一般会产生右图的视觉流程

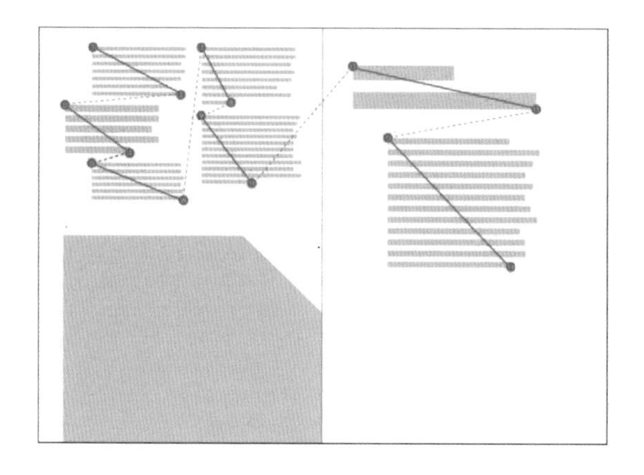

图2-32　视觉流程示意图

1. 单向视觉流程

单向视觉流程常见的形式有：横向视觉流程（图2-33）、斜向视觉流程（图2-34）和竖向视觉流程（图2-35、图2-36）。横向视觉流程可使视线左右流动，给人理性、平稳之感。竖向视觉流程可使视线上下流动，有坚定、直观的感觉。斜向视觉流程容易使视线沿给定的斜线流动，结合创意往往产生强烈动感和动态的视觉效果。

单向视觉流程是一种直观、明确，容易掌握的视觉流程方法，使版面的视线流动保持单一的方向，直接表现主题内容，有简洁而强烈的视觉效果。许多设计师习惯用这种方式，体现简洁的设计感。

图 2-33　横向视觉流程

图 2-34　斜向视觉流程

图 2-35　竖向视觉流程一

图 2-36　竖向视觉流程二

2. 曲线视觉流程

曲线有一定的弧度，包括曲线、弧线、折线等。清晰的曲线造型可以形成回旋的视觉流程，使画面更加灵活有韵律，能增加版式设计的动感、节奏感和美感。其典型形式为弧形的“C”和回旋形的“S”，“C”形有饱满、扩张和一定的方向感（图2-37），“S”形有动感和韵律之美（图2-38）。

3. 视觉重心流程

视觉重心是版面所要表达的重点位置，也是人们关注画面的第一注意点。视觉重心一般是通过特殊性

图 2-37　C 形视觉流程

或独立性区别于其他视觉元素，起到吸引关注、引导传达的作用。如跳跃的色彩、夸张的图形，以及文字的字体、大小、位置的独特性等。心理学研究表明，一幅画面的视觉重心位于画面左上部和中上部的位置最能引起人们的注意，所以传达的信息重点应优先选在这里（图2-39）。向心式和离心式也是视觉重心流程的一种。向心式指视觉元素向版面中心聚拢的运动（图2-40），离心式犹如石子投入水中，产生一圈一圈向外扩散的弧线的运动。

图2-38　S形视觉流程

图2-39　视觉重心流程

图2-40　向心式视觉流程

4.反复视觉流程

相同或相似的视觉元素连续排列，可使视线产生有序的构成规律，沿一定的方向流

图2-41　反复视觉流程一

图2-42　反复视觉流程二

动。相同或相似的视觉元素做渐变的组合排列，可使视线向远处延伸，具有空间感和纵深感。这种流程方式能丰富版面内容，也能形成韵律美。反复视觉流程，其运动感虽不如单向视觉流程、曲线视觉流程、重心视觉流程的运动感强烈，但更富于节奏和秩序美（图2-41、图2-42）。

5.散点视觉流程

散点视觉流程没有固定的视觉流动线，强调一种感性、自由性、随意性、偶然性。在版式设计中很多时候会利用散点视觉流程寻求偶然美。

影响视觉流程的不仅有设计元素的编排顺序、重点、方法，版面本身也有影响。心理学的研究表明，在一个平面上，上半部让人感到轻松和自在，下半部让人感到沉重和压抑。同样，平面的左半部让人感到轻松和自在，右半部让人感到沉重和压抑。所以平面的视觉影响力上方强于下方，左侧强于右侧。这样平面的上部和中上部被视为“最佳视域”，也就是版式设计排版时主体内容最优选的地方。当然，这种视觉流程规律并不是一成不变的，设计师也可根据具体的需要重新设计新的视觉流程。一些聪明的设计师在设计作品时，会用反常的思路去考虑设计作品的视觉感受，抓住主动因素，让观者按照诱导移向下一个内容，使设计师所要传达的信息情感更好地传递于观者，从而取得最佳的视觉传播目的（图2-43、图2-44）。

图2-43　散点视觉流程一

图2-44　散点视觉流程二

第二节　版式设计形式法则

《易经 · 系辞》讲："形而上者谓之道，形而下者谓之器"。"道"指规律，事物千变万化，但却是有规律可循的，"器"指具体事物，世上没有两片相同的叶子，事物的丰富可想而知。掌握了形式规律，就是掌握了设计中的道，具体设计时能事半功倍。

一、比例与分割

古希腊毕达哥拉斯学派所研究的建立在数学上的比例关系取得很大成就，据称他们发现了黄金分割率。该学派认为，数是万物的本原，美表现于数量比例上的对称和和谐，和谐源于差异的对立，美的本质在于和谐。文艺复兴时期的大师达 · 芬奇也认为："美感完全建立在各部分之间神圣的比例关系上。"可见，比例是实现形式美感的重要基础。图2-45所示的网页体现出了合目的的比例比分割。

图2-45　比例与分割合理的网页设计

比例是数量之间的对比关系或一种事物在整体中所占的分量，在设计作品中表现为部分与部分或部分与整体之间的数量比率关系。利用比例完成的构图通常具有有秩序、明朗的特性，给人清新之感。

比例是版面分割的前提，一幅画面由若干元素构成，任其自由排列，也会有好的效果，如散点式视觉流程，但更多的会杂乱和主次不分，特别是设计新手。因此版式编排时要考虑版面分割，分割有一定的法则，如黄金分割法、运用等比或等差法等，这种理性的、数理化的分割，是以比例为前提的。现代设计中的网格系统，就是建立在比例的基础上，但并不存在最佳比例和最佳分割，任何设计都要视情况而定。

比例与分割体现出合目的性。优秀的版式设计，其各构成元素间有一种和谐的比例关系，这种关系给人带来生理或心理上的舒适感受，这正是美感的来源。

二、对比与调和

对比是将差异的形态元素放在一起进行比较，版面中的图形、文字、色块、空白存在着大与小、黑与白、主与次、动与静、疏与密、虚与实、刚与柔、粗与细、多与寡、鲜明与灰暗等对比因素，有面积、形状、质感、方向、色调这几方面的对比关系。对比越强烈，视觉效果越活跃，主题越鲜明（图2-46）。

8.对比与调和

图2-46　图文的对比与调和

图2-47　对称

对比必须统一，不然会混乱，混乱时需要调和。调和是融合，是差异化的减少，是适合统一，它通过消融来减少元素之间的差异，形成统一的视觉印象。为寻求调和，可减少对比因素，增加共性因素，加入共同的元素或者相互间添加对方的元素都可调和。例如，版面在颜色上存在着对比不协调的情况，可以在各自颜色间加入小块的对方的色彩，或者调配相同的颜色，或者都调高明度，或者都降低纯度，或者使用相同或近似的形状来缓和矛盾，这样就能营造出既对比又调和的关系。

没有对比，版面易单调乏味，设计时采用色彩、大小、形状、位置、肌理等综合对比来建立丰富的情感。但这些对比必须达到统一，产生视觉秩序，这样才能形成一个有机的整体。运用对比与调和的法则使图文的编排活泼而不失统一。

三、对称与均衡

对称指物体或图像对某一点、某条线而言，在大小、形状上的相互对应（图2-47）。对称让人产生视觉与心理上的完美、宁静、和谐、庄重等感觉，如故宫。对称处理不好，易单调、呆板，所以绝对对称的情况较少，在对称中往往加入一些变异元素。

均衡指布局上等量不等形的平衡，生活中的典型案例是杠杆，它在设计中表现为视觉平衡。均衡体现在运用大小、色彩、位置等差别来形成视觉上的均等（图2-48）。如果一边是简单而实在的，另一边则选择复杂而虚化的；一边是形粗大而色彩轻淡的，另一面则是形纤细而色彩浓重的。最好在均衡对象两边建立联系，如左右两边的图形互有对方的元

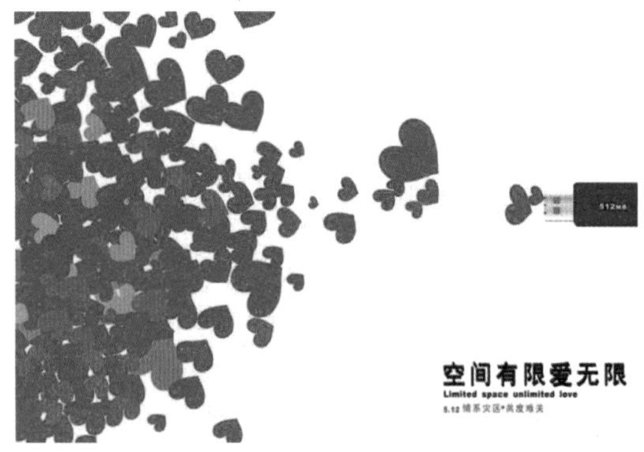

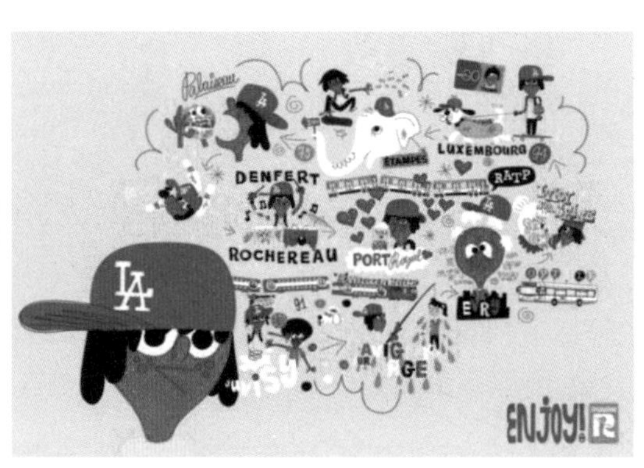

图2-48　均衡

素，互为呼应；或者是视觉上的联系，如左上角的人物的眼神或肢体指向右下角，或箭头、文字方向有类似的关系，这样画面会既均衡又相互联系。

对称与均衡是一对统一体，常表现为既对称又均衡的关系，设计师可在对称的基础上略作变化，让对象看似对称而不完全对称，而这些变化的元素是很好的创意点。

四、节奏与韵律

节奏来自音乐术语，指音乐中交替出现的有规律的轻重缓急的变化和重复，喻指均匀有规律的进程。在版式设计中节奏是按照一定的规律，将图形等重复、连续地排列，形成一种律动的感觉。节奏的重复使单纯的更单纯，统一的更统一。

韵律指诗词中的平仄格式和押韵规则，引申为音乐的节奏规律。当图形、文字或色彩等视觉要素在组织上合乎某种规律时，给人视觉和心理上的节奏感觉即是韵律。版面的韵律感主要建立在以比例、轻重、缓急、反复或渐次的变化为基础的规律形式上。

运用节奏与韵律法则会使图文的编排富有乐感和情调（图2-49、图2-50）。

图2-49 版式中的节奏与韵律一

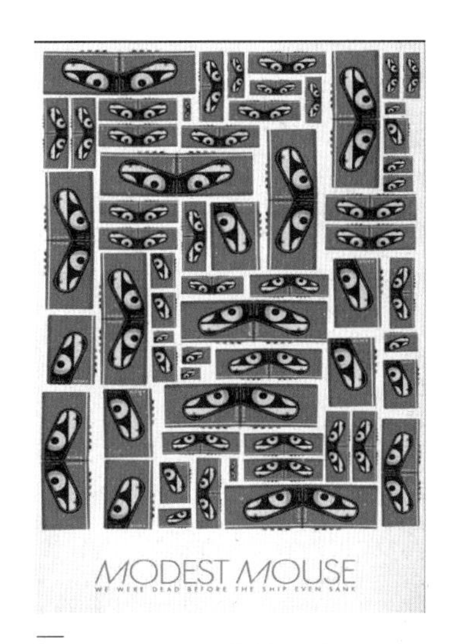

图2-50 版式中的节奏与韵律二

五、单纯与层次

运用单纯的法则使图文的编排整体而完美。所谓单纯，一是指基本形的简练（图2-51），二是指编排结构的简洁、明确（图2-52）。在对文字和图形编排之前要对大量的图片和文案资料运用理性和逻辑思维进行大胆取舍，以创建清晰的形式感，如可用水平、垂直、倾斜或重心结构，这些结构可以帮助我们达到单纯化。单纯化可使版面获得整体、统一、有秩序、明了的视觉效果。实质上，编排越单纯，版面整体性就越强，视觉冲击力就越大。单纯不同于单调，单调的画面缺少看点，一览无余，而单纯看似简单，但细看能发现其中的巧妙或丰富。

画面中只要有多个元素，观者的注意顺序就有先后，

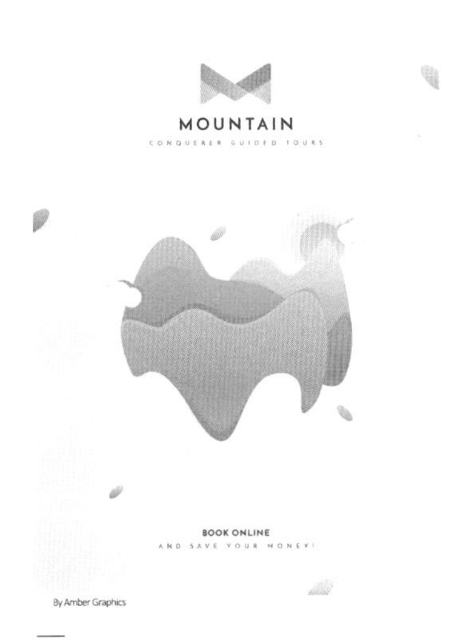

图2-51 基本形简练的版式

图2-52　编排结构简洁的版式

这就是视觉层次合理利用视觉层次，能突出设计主题。版面上、左、右、下、中位置处于不同空间，最佳视域为版面中上位置，再依次为左侧、上部、右侧、下部的视觉位置顺序。编排时，依从主次顺序，将重要的信息安排在注目价值高的部位，其他信息则依重要程度依次布置，这样所构成的视觉流程，就产生了视觉层次。

前后叠压构成空间层次（图2-53）。将图形或文字作前后叠压布置，产生空间层次。在前后叠压中做疏密、轻重、缓急的位置编排，所产生的空间层次富于弹性，同时也产生紧张或舒缓的心理感受。

视错觉产生前后层次。利用透视或虚实，能产生近、中、远的空间层次。色彩冷暖、轻重形成视错觉，会产生层次，依据轻重、冷暖关系形成前后空间，或轻色前重色后，或重色前轻色后，或冷色前暖色后，或暖色前冷色后，或黑色前白色后，或白色前黑色后，灰色（一切中间色）一般处于中间，柔和而协调。视错觉产生动静，动使版面充满活力，获得更高的注目度；静使版面冷静、含蓄，具有稳定的因素。在视觉层次上，动为前静为后（图2-54、图2-55）。

图2-53　前后叠压产生的层次

图2-54　黑白产生层次

图2-55　冷暖产生层次

版式设计的形式美法则来自版面的形式与人的生理心理相适合。这些法则不仅适合版式设计，也适合所有的艺术设计。形式美法则也与民族心理和时代发展相关，比如东方人对散点、虚实更有好感，欧美人则更喜欢逻辑、数理的分割。当然，随着中学西渐和西学东渐，如今这种差异的影响已越来越小。形式美法则不是一成不变的，设计大师能让自己创造的形式逐渐为民众所认可，甚至荣登形式美的殿堂，成为后世的法则。所以，法无定法，丰富的自然和不断的实践永远是形式美的源泉。

第三节　版式设计文字编排

文字是人类文化的载体，具有表达意义、传达信息的功能，还具有形式功能，可表现艺术美感，已成为视觉传达的重要符号。在版式设计中，文字与图片、色彩、空白共同，影响着信息传达的准确性和形式的艺术性。

一、字体选择很重要

文字是版式设计中的重要组成部分，字体的设计及选用影响着版式设计效果。现代版式设计几乎全部与电脑设计软件相结合，电脑中的字体种类丰富多样。汉字除常用的黑体、宋体、楷体、仿宋外，还有准圆、书宋、魏碑、空心、叶根、琥珀、行草等多种字体。英文字体中微软、Adobe等公司也开发出众多字体。运用电脑软件能使文字加粗、变细、拉长或压扁等，从而产生另类的视觉效果，这也算是新的字体。除电脑字体外，不同历史时期形成的书法字体，以及临时手写的文字也为字体的选用提供了多种选择。

虽然可供选择的字体很多，但在同一版面上，使用几种字体尚需精心设计和考虑。在实际设计中我们发现，字体使用越多，版面的整体性往往会越差。在同一平面中，字体种类少，版面雅致，有稳定感；字体种类多，版面活跃而丰富多彩。字体选用多少要依据版式设计的总体设想，阅读者的需要，以及文字多少来确定。另外，若是出版物需要针对其风格特点选择适合的字体。

字体选择是一种感性、直观的行为，可以用字体来体现设计中要表达的情感。不同的字体有不同的情感特点，如清秀的楷体、醒目的黑体、严谨的综艺体、苍劲古朴的隶书、流畅的行书等。对于不同的内容应该选择不同的字体，用不同的字体去体现特定的内容。一般情况下，标题文字多选择醒目、清晰、简洁的黑体、综艺体等，正文常用字体清秀的宋体、仿宋、楷体等，从而使版面中不同的字体形成强弱、虚实的对比。

清晰易读是文字选择的重点所在，因为文字的最终目的是为了阅读。阅读中，如果读者过于关注字体的形状（标题除外），字体的选择就需要再作推敲，因为它使读者在信息的自然阅读中分心。那些挑战我们早已形成阅读习惯的文字，对文字的自然阅读影响最大。

字体仍在不断地壮大，从来没有像今天这样吸引着设计者去创新，新型字体大都根据形象形状来设计，活泼而富有变化，如图2-56、图2-57中的新型字体设计。在形态上，文字是一种造型艺术，其“造型”的属性决定了它作为视觉语言所特有的形式与内容。文字通过个性化设计，可进一步调动其能动价值，将平铺直叙的信息转化为对信息的渲染与衬托，使信息更为有效地传递给读者。

文字设计是通过艺术的方式组织，可作为单独的学问，如字体设计、标志设计，

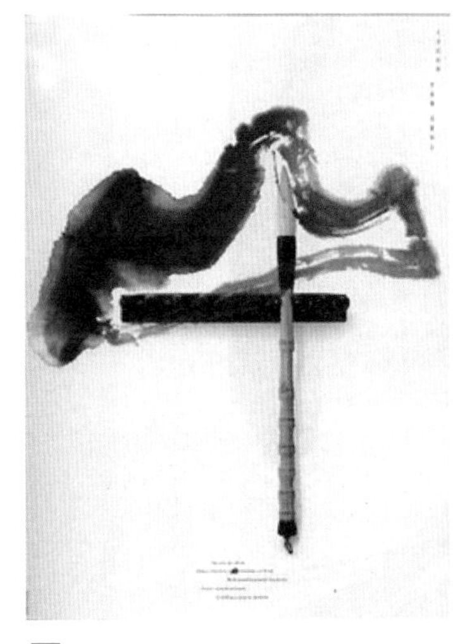

图2-56　书法字体的版式设计

图2-57　英文字体的版式设计

图2-58　田中一光的文字设计

图2-59　可口可乐字体设计

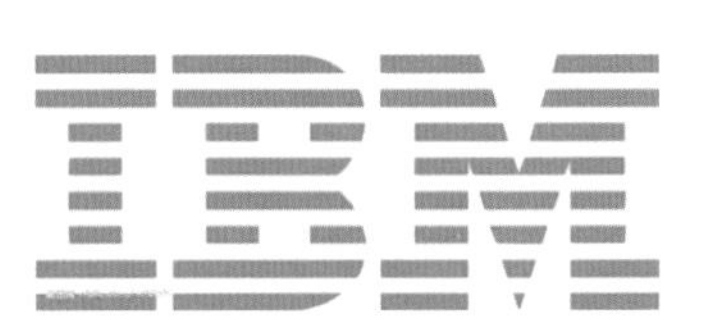

图2-60　IBM标志的字体设计

图2-61　硬字体设计

图2-58为田中一光的文字设计。在商业设计中，用文字设计的标志受到认可的案例不胜枚举，如可口可乐标志（图2-59），利用英文斯宾瑟字体的图形特征，在文字的起笔、落笔处将笔划转化为波浪形飘带图案，以其特有的表现方式塑造出个性化的品牌视觉标识。再如“IBM”标志（图2-60），虚化的字体设计体现出科技性。文字个性化的视觉表现为企业带来了巨大的商业价值，传达了企业的精神理念，使品牌很快得到消费者的识别。因此，在版式设计中对字体的选用与设计，有时需要个性化的创造。

对文字进行硬、软、旧的处理会带来惊喜。硬字体会给人带来坚实、冲击、力道、厚重、硬朗、猛烈等感受，如图2-61。这类字体气势突出，视觉冲击力明显，个性张扬有力，节奏分明，可以用于表现强烈的信心和勇气，表现凝聚力和号召力，给人以视觉上的震撼。硬字体因其字形富有张力，所以在表现刺激、冒险的情景时比较常用，如体育活动、极限运动的主题，同时在战争类、灾难类电影海报中，这类字体也比较常见。

软字体给人以柔美、纤细、优雅、亲近、温和、飘逸的感受，如图2-62。通过柔美的曲线，形成人与字的情感共鸣。这类字体适合表现细腻情感，如情感类设计主题、女性设计主题、公益类设计主题等等。

旧字体给人以严肃、端正、正式、中性、规矩、传统、古朴、怀旧的感受。保持规则的字体外形，在字体内部进行适度的笔画修整，在严谨中求突破，在规矩中求创新，如图2-63。这类字体在品牌类字体中比较常见，给人以饱满充实的信赖感和说服力。

文字经过艺术化设计后，可以让文字形象变得情景化、视觉化，对提升页面设计品质和视觉表现力发挥着积极作用。

图2-62　软字体设计

图2-63　旧字体设计

二、字号和间距的设计

电脑中的字号范围很大，阿拉伯字号是从5到72，中文字号是从八号到初号，中间有不同层级，而且可以手写输入字号，选择更大或更小的字号。版式设计可利用字号的大小变化来增强吸引力，因为粗大字体能造成视觉上的强烈冲击，而细小字体则形成视觉上的连续吸引。字号大小决定着版面里所要表达的内容的重要与否，标题字相对较大，内文字体较小，字号越小，精密度越高，整体性越强。但是过小的字体会影响阅读，在越来越强调以人为本的今天，字号的选择更讲人性化，针对老年人和儿童的设计物一般字号较大。

版式中文字间距指文字间的空白。文字编排后的空白包括字间距、行间距和段首段尾。平时我们容易忽略这些间距的作用，但真正缺少它们的时候，你会感到不舒服，甚至发现有些信息根本没法阅读。一般情况下，字体行间的距离为字体高度的三分之二或一个字体高度，这样可增加阅读舒适度。若版面中字间距较小会造成阅读不畅，如图2-64所示。

Team works to save entangled whale off N.C. coast

Terrorism fears grow as Olympics approach

Marines on local ships to head to Afghanistan

A-OK!

Team works to save entangled whale off N.C. coast

Terrorism fears grow as Olympics approach

Marines on local ships to head to Afghanistan

A-OK!

图2-64　字间距大小对比图

不止于影响阅读，间距也参与版面的艺术性建设。它在形式上为“负形”，负形与文字实形相互依

图 2–65　艺术性的版面

图 2–66　文字群组一

图 2–67　文字群组二

存，使文字在视觉上产生动态，获得张力。这种负形既利于阅读，也给版面带来活力。字号和间距的变化可增强版面的艺术性，如图2-65所示。

文字有时采用加宽或缩小行距，最终形成叠加、重影或点的效果，表现其个性特征。间距错落有致的变化使版面现代感的趋势越来越明显。

三、文字的组合编排

版式设计寻求版面的美感和设计感。设计师应在有限的文字空间和结构中进行组合编排，提高版面可读性与趣味性，克服编排中的单调和平淡。文字的组合编排主要有如下几种方式。

1. 文字群组

文字群组就是把版面中的文字根据内容分群分组，将文案的多种信息组织成不同的形，如方形、圆形等，其中各个段落之间还可用线分割，使其清晰、有条理而富于整体感。版面中的文字群组后形成不同形态，避免了版面空间的简单状态或散乱状态。群组后的形态有着举足轻重的作用，直接影响整个版面的美感。通过文字群组后形成大小面积不相等的组合，使画面中的文字部分出现弹性的点、线、面形态，从而为版面的编排创造紧凑、舒畅等不同的效果。这可以使读者减轻阅读负担，并增加阅读兴趣，同时可以使版式产生节奏、韵律和视觉冲击力。如图2-66、图2-67为两种文字群组。

2. 对齐

建立在瑞士网格系统上的排版注重文字的对齐。它包括整齐编排，即文字从左端到右端的长度均齐，使字群显得端正、严谨、美观，此排列方式是书籍报刊常用的一种。齐左显得自然，符合人们阅读时视线移动的习惯，齐右不太符合人们阅读的习惯及心理，但有独特的视觉感染力。居中对齐以中心为轴线对称

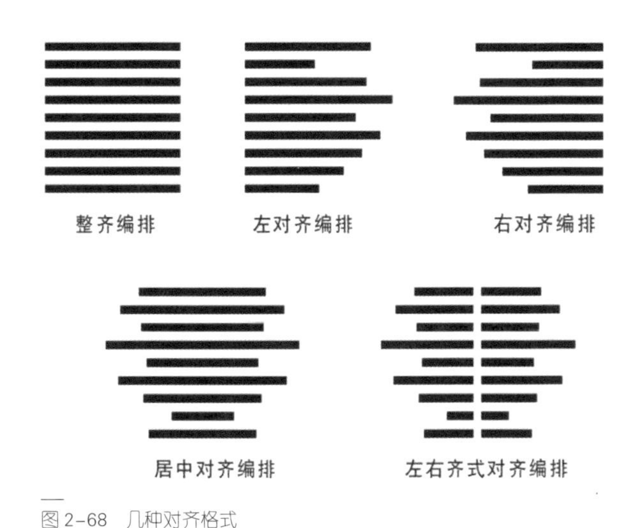

图 2-68　几种对齐格式

而两端不齐，其特点是视线更集中，中心更突出，用文字居中对齐的方式配置图片时，文字的中轴线最好与图片中轴线对齐，以取得版面视线的统一。左右齐式对齐的交接处分别是左对齐和右对齐，兼具二者特点。要避免在同一页面上混合使用多种文本对齐方式，也就是说，不要将一些文本居中，而另外一些文本左对齐、右对齐或整齐编排，这样版面易混乱。如图2-68为几种对齐格式。

3. 文字绕图排列

文字绕图排列是将文字围绕图形边缘或轮廓线排列，这种手法给人以亲切、融合、生动之感，有趣味，是文学书籍中常用的插图版式（图2-69）。

4. 倾斜与自由

倾斜是将文字块或段落排成倾斜状，使版式具有方向感和节奏感，有强烈的视觉效果（图2-70）。自由文字编排具有灵活性、趣味性，常用的形式有几何编排、弧线编排、透视编排、不规则编排等（图2-71）。

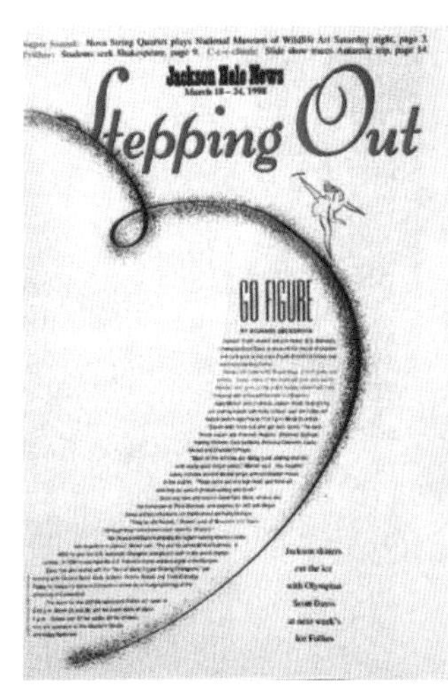

图 2-69　文字绕图排列

图 2-70　文字倾斜编排

图 2-71　文字自由编排

5. 标题与正文的编排

标题不一定千篇一律地置于段首之上，可做居中、横向或者竖边等编排处理，有的还可以直接插入字群中，以求用新颖的版式来打破常规。正文编排可做双栏、三栏或四栏的编排，将正文分栏，是为求取版面的空间与弹性、活力与变化，避免画面的呆板（图2-72）。

文字的组合编排有助于读者对文字的阅读，也成为版面的造型元素。依靠文字群组使版面形态点线面化，依据底部的网格做对齐编排、倾斜自由编排，配合图片编排，使文字成为画面的有机组成部分，从而实现信息传达与视觉美感传达。

autumn travels

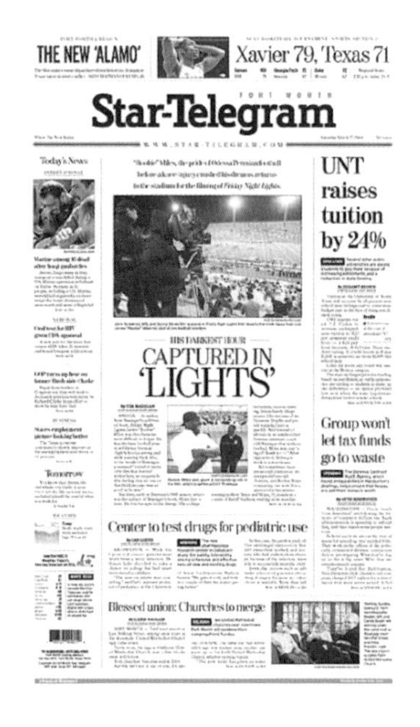
THE NEW 'ALAMO'

Xavier 79, Texas 71

FORT WORTH

Star-Telegram

WWW.STAR-TELEGRAM.COM

Today's News

UNT raises tuition by 24%

HIS DARKEST HOUR

CAPTURED IN 'LIGHTS'

Group won't let tax funds go to waste

Tomorrow

Center to test drugs for pediatric use

Blessed union: Churches to merge

图2-72　标题与正文编排及文字群组

9.段落编排

四、文字编排原则

版式设计中的文字兼具信息传达和营造视觉美感双重作用，这是文字编排的出发点和落脚点。当前有些版面的文字编排还只停留在传播信息阶段，文字依次罗列缺少设计，密密麻麻一大堆，无集中统一和多样变化之分，如图2-73。有些断句不合理，不符合规范的标点或间距会造成阅读障碍，使阅读体验变糟。有些文字与图形严重分离，组织松散无序不符合视觉流程，导致受众在短时间内无法抓住重点，使信息传达混乱。有些文字不符合大多数人的阅读习惯，如图2-74。

因此，版式设计中的文字编排应遵守几个原则。首先，应贯彻可读性原则。大小适中，清晰明了，符合人眼聚焦和视觉习惯使文本可读。文本要有连续性，不能有视觉上的冲突，否则容易引起视觉顺序的混乱。文字不能过密，要有合适的间距，才不会影响阅读。断句与标点应根据国家规范来编排，否则会产生不适，等等。总之，文字编排要符合人的生理心理特点，要符合相应的文化规范，才不致影响阅读或引发歧义。

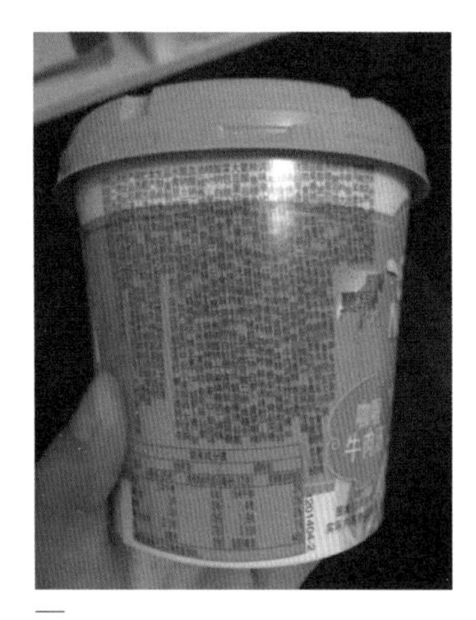

图2-73　商品说明中过密的文字

Typography is not an art. Typography is not a
science. Typography is craft. Not a craft in the
sense of blindly following some poorly
understood rules, but rather in the sense of the
precise application of tried and tested experience.

图2-74　第三排文字破坏了阅读惯性

其次，应注重文本的层次性。恰当的文本分级有利于阅读的层次性。根据信息主次将文字分成若干层次，如标题、小标题、正文、说明文等。标题和小标题选择不同层级字号，但都应大于正文字号，使其醒目。正文能使读者保持阅读的连续性，常用的正文字号是五号或小四号。正文与说明文的字号可统一，但字体要区分，既要保持层次的统一又要有所区分。部分版面有引文或者序言，字号可与正文一致，字体可区分，为使其成为独立的造型元素，可考虑加底色或装饰框。过多的文本分级会让人眼花缭乱，同一版面的文字分级尽量控制在3 ~ 5级。为保证风格的统一，同系列的版面，相同级别的文字要保持字体字号一致。如图2-75、图2-76为文本分级合理的版式设计。

图2-75 文本分级

最后，版式设计中的文字编排应贯彻视觉美感原则。集中统一和多样变化能产生美感。让文字在大小、颜色、字体等方面有区分，或者将部分文字图形化，使有限的元素变得丰富，这样就不易产生视觉疲劳。除文字变化外，文字群组后形成的点线面对版面的影响更甚，应进行不同的组合尝试，但要把变化后丰富的元素统一起来，以免显得混乱。整体编排是统一的重要手段，强调文本的群组编排，将文本的多种信息组织成一个整体的形，采用各种对齐方式，能避免版面空间的散乱状态。细节的地方也一定要注意，有时候，一两个像素的差距甚至会改变整个作品的味道。整体编排不仅影响着美感，也影响着可读性。

文字与图片的混合编排，影响着文字的可读性与版面的美感。它们之间的分割、穿插、组合是版式设计中最复杂最困难的话题。我们在本章讲到过版式设计构图、网格、视觉流程、形式法则等内容，这些都为文图之间的组合提供了依据，应不断的尝试，找到适宜的混合编排，使版面有主次，有节奏，有变化，又统一。

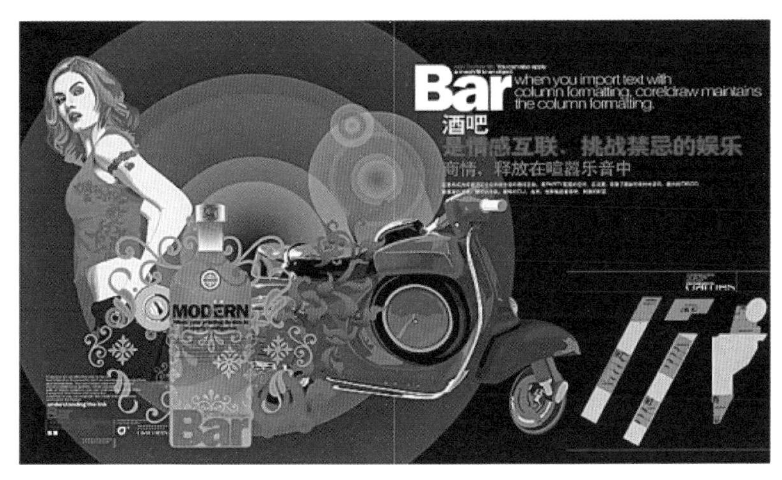

图2-76
文本分级与文图的对比统一

第四节　版式设计图片编排

图片具有直观性、形象性、真实性和艺术性的特点。对人的感受来讲，图片通过直观形象吸引观众的眼球，引起人们的阅读兴趣，其形象吸引力远远超过文字，但不如视频和动画，这也是传统媒体衰落，网络等新媒体兴盛的重要原因。图片具有真实性，“有图有真相”指的就是其真实性，希望工程的大眼睛女孩以其真实可信的形象，推动了希望工程的发展。图片具有艺术性，其强烈的视觉冲击力、精美的效果、鲜艳的色彩，给人强烈的视觉美感。图片的众多优势，使其在社会生活中占有重要的位置。在版式设计中，也具有重要的作用。

图2-77　具象图形

图2-78　抽象图形

一、图片类型与图片选择

图片包括照片、图形、图标等，其共同特征是图形化，可分为具象图形和抽象图形。

具象图形（图2-77）具有写实性、直观性、识别度高的特点，可产生信赖感，以摄影图片为代表。它有不同的分类，按对象可分为人物图、风景图、静物图；按动静分，有静态图和动态图；按距离分，有近景图、中景图和远景图；按拍摄范围分，有全景图和局部图。当然更多的是综合性的图片，很难将其归纳为某个类别。

抽象图形（图2-78）由点、线、面构成，具有几何特点，一些半抽象的图标也具有抽象图形的特点。抽象图形放大了人们的想象空间，对抽象图形的认知受观者的文化程度、眼界开阔性和认知能力等因素影响。

具象图形在版式设计中很常见，占有绝对的优势地位，抽象图形占有较小比例。进行版式设计时，图片选择是很重要的工作。将所有符合设计主题的图片收集起来，首选与主题契合度高的图片，删掉重复或质量不好的，然后再删掉与主题关联不大的图片，留意有潜力的作品，寻找非预期的设计。接下来选择图片的形象、角度、空间、大小、色彩等，要注意能否吸引观者，是否符合版面，跟文字的关系如何等问题。如果说第一轮筛选更重内容，那么第二轮筛选更重形式美。如果这样仍找不到合适图片，可用手绘作品或电脑处理作品来替代。

二、图片的适当处理让表达更清晰

优秀的版式设计通常以具有视觉冲击力的图片来表达主题，然后以文字辅助说明，相比文字叙述型的设计，人们更愿意去看图获取信息。因此版面中的图片具有重要的地位。除部分优秀图片能直接使用外，大多数图片都需要后期处理才能用于版式设计。常见的处理是裁切、缩放、退底、出血、合成、影调、打散重构、局部特写、肌理、特效等。总的来说，通过处理能发挥图片更大的魅力，让表达更清晰。

通过裁切图片的某一部分，减少图片的信息量，把观者的视线集中于想要展示的内容上（图2-79），有放大、特写的效果。印刷媒体受开本的限制，对图片的规格尺寸有要求，裁切能让图片更好地适合版面。网络媒体大多采用框架式结构，对图片的区域和尺寸更是限定，也需要裁切。

图 2–79　裁切后效果图

缩放是为适应画面需要，放大或缩小图片。现在是“读图”的时代，对图片的精度要求越来越高，图片放大一定要考虑精度能否保证阅读要求。网络媒体较好地解决了缩放的问题，其超链接属性及缩放功能为读图提供了方便。

退底是去掉图片中的背景部分，只保留主体形象，使主体形象更加醒目突出（图2-80）。图片退底也为画面带来更多的空间，它便于灵活地运用主体形象，使之与版面中其他部分，如文字、其他图形、色块更容易协调。退底后，画面更具活力使其生动、有情趣。

图 2–80　退底突出主体形象

出血使图片充满画面，冲出边界，有向外的感觉（图2-81）。出血图像具有较大的视觉面积和视觉张力，能够拉近与读者的距离，为阅读带来身临其境的感觉，具有大气、扩张、自由、舒展、开阔的特点。图片的满版处理是典型的出血处理。

合成是通过电脑处理，将不同画面的形象融在一张画面上。有时一张照片并不能表达我们想表达的，需要综合其他图片的内容才能完成。合成可用相关软件调用其他画面的元素，融合到主要的图片上，这也是我们常说的修图。合成的手法在当前应用广泛，影视海报将不同场景或不同时段的景象进行合成，营造出梦中可能有而生活中很少有或者没有的景观，把观众带入亦真亦幻的场景中，这在灾难片、梦境片、神话片中特别常见。虚拟现实技术大多也采用合成的手法，营造出与真实世界相平行的另一世界（图2-82）。

图2-81　图片出血

图2-82　土耳其的数字艺术家 Hüseyin Sahin 的图片合成作品

图2-83　双色调

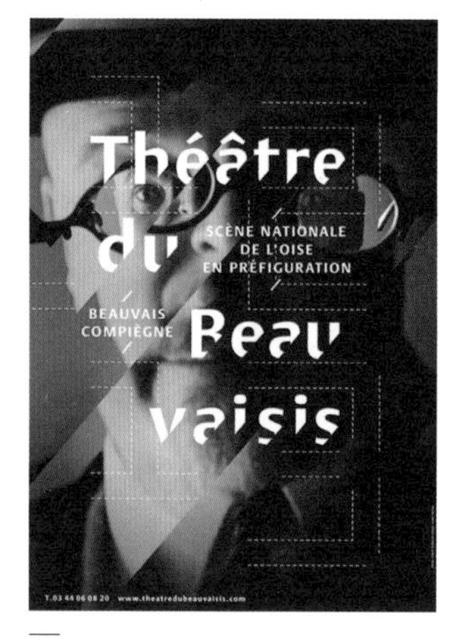

图2-84　打散重构

影调是摄影中的术语，指利用光影变化使画面更具有一种音乐般的视觉上的节奏与韵律，影调又称为照片的基调或调子。除运用灯光及捕捉好的时机获取需要的影调外，PS的后期处理为影调提供了多种可能。如图2-83上下两幅图片为双色调版式设计。

打散重构（图2-84）指将图片裁剪、打散，再重新组合、错叠，以制造不稳定、错乱的视觉效果。

有时需要对图片进行局部特写、肌理、特效、夸张等处理，引发不同的情感与联想。如数码点阵处理，能带来科技和现代感，单色、破损、烧灼的处理则有陈旧、历史之感，夸张处理使事物特征明显，充满情趣。对于图形的处理，经常是多种手段一起运用。如写实与装饰结合、写实与抽象结合等，经处理后的图像形式感更强。

计算机技术、网络技术、数字技术和图形处理技术的快速发展，使图片处理愈发容易，无形中增加了众多的视觉垃圾。但严肃的艺术家和设计师通过挪移、改造、想象、重塑制造的图像，比直接的摄影更体现世界的本质，它们是幻象的，也是真实的。可以这样说，他们在改变图片真实性的定义同时，定义了新的真实性。

三、优化图片位置和组合打造更具吸引力的版面

图片在设计中体现着独特的视觉魅力，在版式编排中，图片位置、大小、多少、形象、角度、与文字关系等直接影响到整个版式设计效果。

图片位置及大小影响版式设计效果。图片的位置安排是版式设计的重要一步，只有确定了合适的图片位置，其他元素（文字或装饰元素）的添加和协调才有标准和参考，如图2-85所示，杉浦康平的设计体现了图片为其他元素提供标准和参考。添加其他元素的关键在于权衡和取舍，“少做加法，多做减法”才能获得满意的效果。单张图片中，大的图片感染力强，小的图片易成视觉焦点。若图片与版面的尺寸相差不大的话，可选择将图片置于版面中央，而多张图片则可以采取更丰富的排版变化。一般来说，对于主题有延续性的组图，选择多张同列的方式可以起到强化表达的效果。为了获取尽量协调的背景，图片尽量不要放置于版面的四角。

图片多少有不同的视觉效果。图片多的版面丰富，能营造热闹、亲切的效果，如我们经常见到的超市海报。图片少的简洁有力，其内容往往直奔主题，鲜明突出，使读者印象深刻，阅读快捷，其中形象简洁的图片版面显示出高雅的气质格调。

当多张图片组合在一起时，有规则型和自由型两种，前者强调理性的美，后者追求感性的美。规则型图片（图2-86）以网格为基础，图与图尽量对齐，外轮廓是统一的几何形，图片的大小和方向都比较一致，有些是网格的合并或突破，但仍然规整。自由型则较随意，图片大小与方向可根据版面自由调整，有灵活、松动的美，如图2-87。

图2-85　杉浦康平的设计

图2-86　规则型的图片组合

重复编排是规则处理中的一种，有强调的作用，使得主题更加突出（图2-88）。把内容相同或有着内在联系的图形反复，会有流动的韵律感出现。尤其对较为繁杂的对象，通过比较和反复联系，可使复杂的形象变得简单明了。渐变属于重复编排的特殊版式，通常用于在编排中创造逐渐变大或变小的多个形。这些形按相同的间距排列，也可以按照等比例增加或减小的间距来排列。

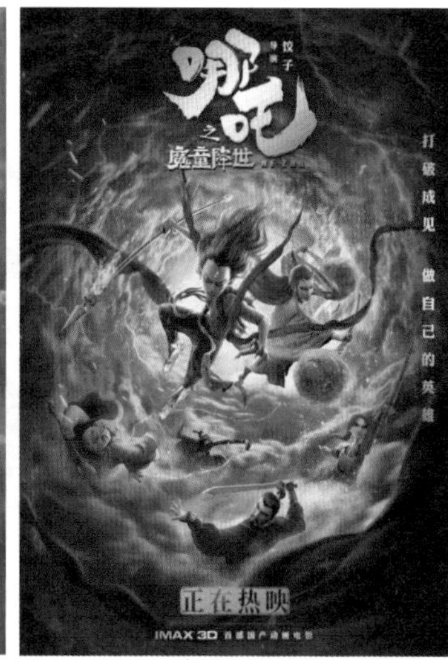

图2-87 《哪吒魔童降世》海报

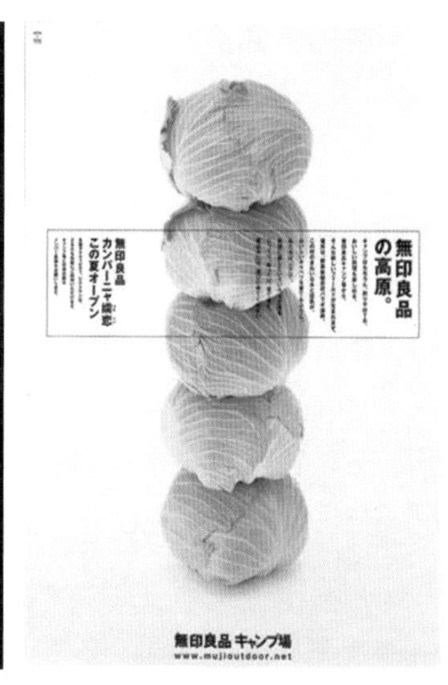

图2-88 重复编排的图片版式

四、图文混排使版面张弛有度

一个版面由文字、图片、色彩、空白等元素构成，文字和图片是其中的主要元素，其合理的编排可控制版面的对比与统一、节奏与韵律，激发读者的阅读兴趣，缓解视觉疲劳。图与文是相辅相成的，常见的图文排版有以下几种。

图2-89 以图为主

1.以图为主

图片占据版面较大的空间，甚至是满版，是信息和视觉的主体，文字体量较小，或者叠压在图片的不重要空间（图2-89）。信息传达方面，以读图为主。图片是文字的抽象表达，具有跨语言的可读性，可提供一种“阅读”的想象空间，即使是不识字的人或不知道该语言的人也能知道大概其所包含的信息。文字则是图片的解释说明。形式方面，图片作为创意和视觉中心，通过其造型、色彩、动势进行直接或寓意的表达，文字则配合图片进行编排，与图片动势相呼应。海报版式设计多以图为主。

2. 以文为主

文字占据版面的主体，图片只是装饰，体量较小（图2-90）。信息传达方面，文字是主体。以文为主的版面较易出现平淡乏味的情况，这时需要把不同层级的文字在位置、形状、色彩、大小等方面做出对比与呼应，使其成为新的造型元素，小面积的文字可以进行图形化处理，加入适当的符号和小图标也是解决方法。需要说明的是，一定要处理好它们间的对比与统一关系，既变化又协调。

3. 图文并置

有些版面图文的比例相当，无明显主次之分，这在同类产品的介绍页面较常见。这时要将图文同等对待，图文是一种并置关系，图文互为说明，用网格能较好地解决图文并置排版。图片也可以做背景处理，将文字置于图片之上，产生叠压关系，使视线在图文间流动。

4. 图文填充

图文填充有文字填充图形和图形填充文字两种。这种版式从外形看，是一幅图或一个字、一个词，仅剩轮廓，其内部的原有部分已被置换，图片里填充的是解释该图的文字，文字里填充的是解释该字词的图片。这样的编排有异样的情趣如图2-91所示。

5. 图文分割

图文分割包括上下分割和左右分割。版式设计中较为常见的形式是上下分割，它将版

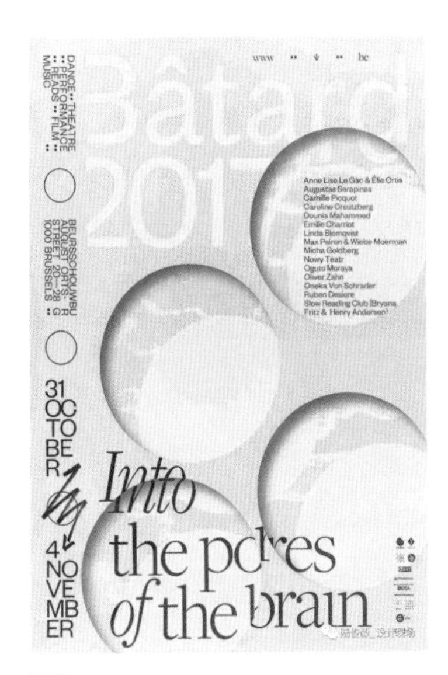

图2-90　以文为主

图2-91　文字填充图形

图 2-92　图文上下分割

图 2-93　图文左右分割

面分成上下两个部分，其中一部分配置图片，另一部分配置文字（图2-92）。左右分割，由于视觉上的原因，图片宜配置在左侧，右侧配置小图片或文案，如果两侧明暗对比强烈，效果会更加明显。左右分割易产生崇高肃穆之感（图2-93）。

6. 跨页编排

图文跨页编排方式使版面更具整体性和美观性（图2-94）。

图 2-94　跨页编排

图文混排时应注意，不要用图片随意切断文本，要保证文字阅读不被打断。文图叠压时，要注重协调，或者绕着图形的轮廓走，或者在图片不重要的区域用对比色突出。为保证版面的统一性，图片与文字的边线尽量对齐。

第五节　版式设计色彩搭配

我们生活在一个色彩缤纷的世界。歌德说："色彩是人产生的视觉感受和心理感受。"英国心理学家格里高认为："色彩感觉对于人类具有极其重要的意义，它是视觉审美的核心，它深刻地影响着我们的情绪状态。"可见，色彩对人有着重要影响。

色彩作为一种视觉符号和情感符号，影响着观者的视觉感受和情感。据研究，人们在观察对象时，色彩是最先进入观者眼睛的元素，其次才是形状、体积等，色彩先声夺人。不同的色彩唤起不同的情感并有特定的象征意义，这对于设计主题的传达很重要。设计师得充分考虑设计形象的特点，强化色彩的视觉形象，调动观者的情感匹配，引起共鸣，扩大和强化传达效果。

一、版式中的色调

10.色彩应用

版式设计强调色彩的调性。一幅优秀的设计作品，色调应非常明确，或红调、黄调、绿调、蓝调；或高调、低调、灰调；或单色调、多彩调；等等。大面积的色彩决定着色调，常用集中近似的色彩来达到色调统一，色彩的位置、色彩的形状等影响着色调。不同的色调，形成不同的视觉秩序，引发不同的色彩情感，如图2-95蓝色调对营造宁静自然的氛围有明显作用。如无明确色调，版面易混乱或模糊不清。

图2-95　蓝色调的版式设计

色调是画面的主旋律，有渲染意境、传达情感、象征主题的作用。不同的色调类型，以色相分，可分为红、橙、黄、绿、蓝、紫诸色调，各色调的情感与该色彩引发的情感类似，黑、白、灰等非彩色系色调有典雅、素洁、朴实的效果。以明度分，有高调和低调之分，前者明亮、愉快、清爽，后者深沉、冷静、严肃，但处理不好，前者会轻浮虚弱，后者易死气沉沉。以纯度分，则有鲜艳和含蓄的色调差别。

色彩的多少影响着色调效果。单纯的色调使画面强烈、清晰，单色调色彩统一和谐，使视觉更集中。鲜艳的单色调刺激强烈，吸引眼球，非鲜艳的单色调素洁、典雅、大方、朴实（图2-96）。多种色彩混合的色调使画面艳丽、浓烈、庄重、时尚、活泼、具有现代感（图2-97），但处理不当，多彩调易出现杂乱无章，眼花缭乱的不良效果，因此要保持节奏与秩序，乱中求序。

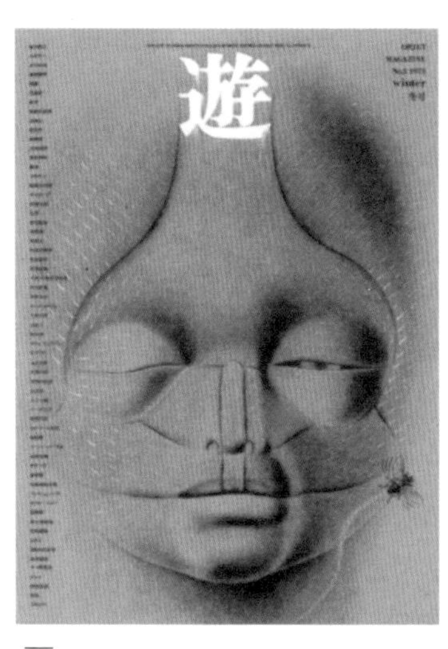

图2-96　朴实的单色调

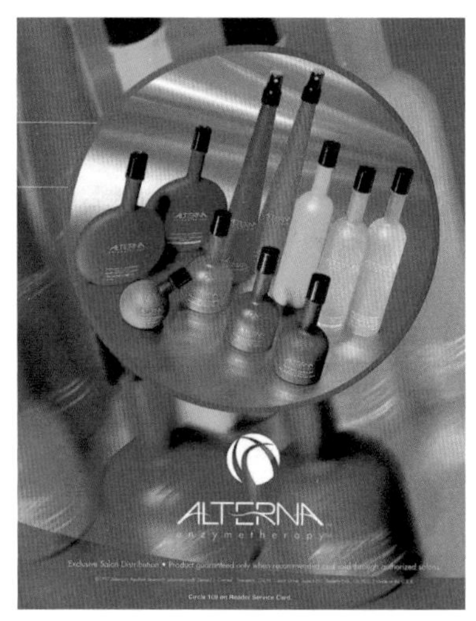

图2-97　艳丽的多彩调

二、色彩在版面中的应用技巧

版面中的色彩综合起来形成色调，但在具体的设计中，色彩附着于图片、文字、背景上，被分割成不同的形状，放置于不同位置，形成不同的大小，加上色彩本身的差异，呈现出的色彩是很丰富的。版式设计可充分利用色彩的丰富和特性布置版面。

1. 色块分割画面

色彩强烈的色块，可用来分割画面。在不同色块形成的区域中置入相应文字或图片，剩余的色彩成为背景，使版面有多个独立的部分，这样能突出主题，强调重点，区分内容，并引导观者阅读。依托网格的几何分割有严谨规范的效果，非几何分割随意有变化。分割页面的色彩要合理搭配，需要对颜色进行适当的取舍，使版面和谐统一。配色谱系就是总结哪些色彩易协调，可作色彩搭配的参考。如图2-98、图2-99。

图2-98 Corkfilm festival 杂志
高纯度的色彩组合，有强烈艳丽之效果，色块规则与不规则的分割，错叠有序，富有变化。

图2-99 Yorkshire festival 杂志
色块分割使中间黄底突出前端人物，外侧异形的黄色背景，增加了不稳定元素，衬托了文字，两块黄色互相呼应。强烈的黄色，有色彩的注目性。

2. 色彩对比与调和

对比和调和是一对矛盾，互相离不开。只有对比缺少调和的画面会混乱，只有调和缺少对比的画面易乏味。好的设计是既对比又调和，这样才会生动活泼。做好对比，需要画面中有两种以上的色彩；做好调和，可选择同类色或近似色，或拉大色彩面积上的对比，使其中某色占据主体地位，其他色彩则起辅助或点缀作用。如果两边的对比色面积一致，可加入对方的颜色，或加入双方都需要的颜色，使色彩协调（图2-100）。

有对比的版面有生气有活力，强对比视觉冲击力强，而缺乏对比画面会出问题，如无色相冷暖的对比，会让人感到缺乏生气；无明度深浅对比，会让人感觉沉闷；无纯度对比，会让人觉得古旧和平俗。当然，凡事不能绝对，有时采取截然相反的手法，搭配得当的话，反而能取得更好的视觉效果。

3. 色彩节奏与层次

通过色彩有规律地搭配变化能产生色彩节奏，如同类色渐次鲜艳化或暗淡化，如几种颜色按规律出现，如色彩（或配合形体）重复、聚散、呼应、渐变等都能够产生节奏与韵

图 2-100　色彩对比与调和

律，强弱变化，并会产生动感。色彩组织需要层次，它建立在多种颜色对比的基础上，可通过色块分割和叠压来实现（图2-101）。

4. 色彩的注目性

色彩比形状等更引人注意，利用色彩的注目性，使用强烈的对比色与大面积鲜明亮丽的色彩更引人注目。把重要信息放置于这些鲜艳的底色上，有突出主题，引导阅读的作用。如图2-102所示。

图 2-101　色彩节奏与层次

图 2-102　引人注目的黄色

5. 色彩的关联性

色彩的关联性是调节版面色彩变化的重要手段，展开页、跨页、不同版面之间色彩经常需要呼应关联。原则是你中有我，我中有你，相互依存，互相呼应。

色彩有强烈的视觉感染力与情感影响力，它与形状、空间、位置相结合，会使版式色彩有多种可能性。版式设计中色彩的运用不能随意、无章法，要充分利用色彩的各种性能营造出美观、丰富、有冲击力的视觉形式，并引导阅读、突出主题。

第六节　版式中的空白及作用

空白很容易被我们忽视，以为其可有可无。其实，空白与文字、图片、色彩具有同等重要的意义，有了空白的衬托，图形和文字才能有更好的表现（图2-103）。并且，空白特有的虚空间，给人遐想，有“此时无声胜有声”的妙处。言有尽而意无穷，空白发挥着文字、图形难以发挥的作用。

Faith & Values

Church seeks tenants to fill medical center

HERO AGAINST HITLER

Volunteer reading tutors find benefits flow both ways

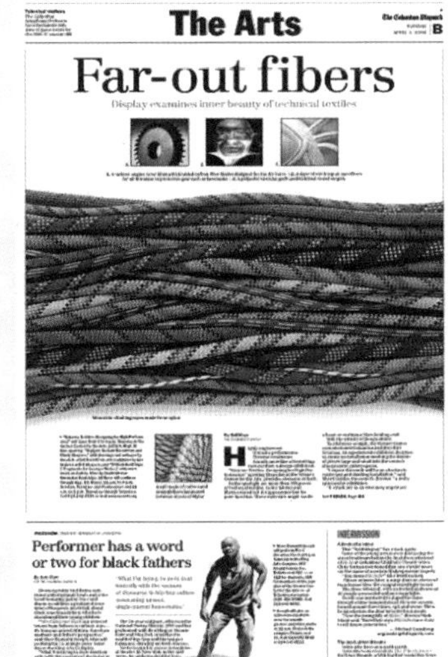

The Arts

Far-out fibers

Display examines inner beauty of technical textiles

Performer has a word or two for black fathers

Home & Garden

Faith in bloom

Good bones offer support throughout the year

图2-103　空白突显文字图片的版式

一、如何认识空白

从西方版式设计观念来看，版面中除了文字、图片这些实体元素外，编排后剩余的空间即为空白，或称“负形”。正是有了“负形”的存在，图形和文字才有更好的表现。想想喋喋不休的妇女、杂乱的线圈、嘈吵的声音，你就明白空白的意义。空白此时就是休止符，就是休息睡眠，没有它，会影响版面效果。以正负形认识空白，会发现空白是正形（实体的文字图片）的基础与衬托。同时，正负形理论认为正形和负形具有互相转化和共用边缘的情况，这为设计创意提供新的可能（图2-104），促进了《鲁宾杯》《和平鸽》等经典设计作品

图2-104　利用正负形的创意设计

的形成，也成就了福田繁雄这样重要的设计师。

在印刷媒体上，依托网格进行内容分割，空白发挥了重要作用，这就是栏线的作用。标题与正文之间，图片与正文之间空白都较大，起到了突出重点的作用，正是大面积的空白（虚空间）利用自己易被忽略的特点使重点得到突出。空白的这种属性被用于高端或者昂贵产品的广告宣传，巨大版面只有少量实体的内容，使观者的眼睛解放出来，将视线集中在产品上，产品细节和文字信息得到突出强调。虚空间不仅突出了产品，还有向外延伸的空间，让人有更多的想象。信息时代，传播媒体更新为计算机、手机和其他移动设备，但空白的这些特性并未受到影响，而是随着新媒体的超强功能得以深化和发展。

在东方的语境中，中国传统美学中有“形得之于象外”和“知白守黑”之说，体现了中国特有的意境说、虚实观和辩证法，这都离不开空白。同时，空白的部分不由人想起佛家“无即是有，有即是无”之说，这为画面平添一份空灵玄幻的气息。深得中国传统美学精髓的日本设计师原研哉为无印良品设计的海报（图2-105），用简洁的语言传达出深远的意境。无印良品四字、人物可视为实形，天空、雪地、湖面此时转化为虚空间，营造了广大深邃的空间，让人遐想无限。这种虚实相生能够产生情景交融的意境美，景象与主体的情感契合，使观者获得深刻隽永的审美感受。

图2-105
无印良品宣传海报“地平线”系列之一、之二

所以，在东西方的设计与审美观念中，空白都有重要的价值。空白不仅对传达信息的文字、图形有很好的支撑，而且自身也是有无穷想象空间的审美意象。空白或细弱文字、图形、符号形成的虚无，有强烈的审美，它使我们体会到情景交融、虚实相生、韵味无穷、含蓄隽永，获得意外之美。

二、空白的作用

空白是实体元素编排后的剩余空间，它不一定是白色，可以是其他颜色或者肌理，或者是图片中不重要的部分。版面中细弱文字、图形、符号形成的虚无都有空白的效果。对空白的理解是一种感悟，一种比较。

空白在版式设计中具有重要的作用，合理地运用空白，能突出主体形象，营造简洁与轻松的氛围，使读者能更好地凝聚视线。空白之美，还有制造节奏，营造意境，划分空间，调节视觉心理，丰富版面层次，激发读者联想，创造无限想象空间的作用。

1.突出主体形象

我们经常见到广告设计作品中主体形象、商标、广告语很突出，可能只在意于它们自身的突出，忽略空白的作用。实际上，正是主体形象与周边空白一起，使主体形象得到突出。空白创造视觉焦点，如果单纯考虑版面的使用率，不敢大胆地使用空白，以至画面太密集，这样会使观者视觉疲劳，甚至产生抵触情绪，使信息的可传达性降低。只有依靠空白的衬托，主体形象才能更加突出，这样精心塑造的主体形象，能更好地表现主题（图2-106）。

图2-106　空白突出主体形象的版面

2.制造节奏

空白有音乐休止符的作用。空白很多时候是作为版面的界线出现的，它可以使不同的信息块有序的组合和分列，这在以网格为基础的页面中很常见，特别是页面元素众多时，有序分割能使版面合理。文字间在信息自然停顿或结束的地方留有空白，可使读者流动的视线有节奏感，如字间距、行间距、段首段尾的作用，能够让读者阅读信息时更方便流畅。扩大到整个版面，空白可划分不同的信息块，使对立的元素融合在整体之中，达到矛盾的统一（图2-107）。

图2-107　空白制造节奏的版面

3. 塑造简约美

现在一些版式删繁就简，更加注重留白。大量的空白能塑造简约美，达到简单中见丰富，纯粹中见典雅的效果，这些版面体现了简洁性，给人留下了深刻的印象。这里要区分一下简洁与简单，简洁是整体来看单纯蕴含着丰富的内容，仍然有视觉流程、视觉层次；简单则是缺乏内容，缺乏可读性。简约美在外观上的单纯简洁，需要设计师有高度的概括归纳能力，对空白有深层次的理解。并不是所有读物都需要大量留白，门户网站、书籍报刊留白量就少，因为它们主要的功能是传达信息，而个性网站、休闲抒情类读物留白率较高，因为它们追求品位或消遣。

4. 塑造虚实美

画论讲："虚实相生，无画处皆成妙境。"在国画表现中，在实形的绘画外，有很多留白，这些空白依托实形，会被观众联想为天空、湖面、河流、瀑布、雪地、荒野等，自成妙境。一些版式设计受国画影响，用实形和空白表现虚实美，一实一虚，一阳一阴，实实虚虚，虚虚实实，无有无不有，甚是玄妙。虚空间创造疏松、空灵的感觉，实形与虚形互相借用，通过空白，使整体达到和谐统一（图2-108）。

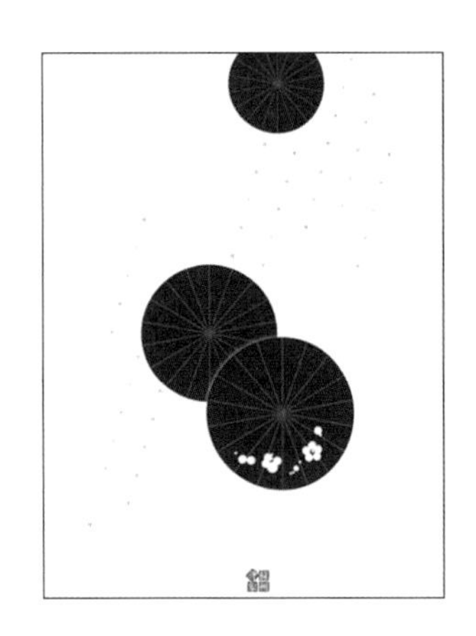

图 2-108　空白塑造虚实美的版面

图 2-109　空白塑造意境美的版面

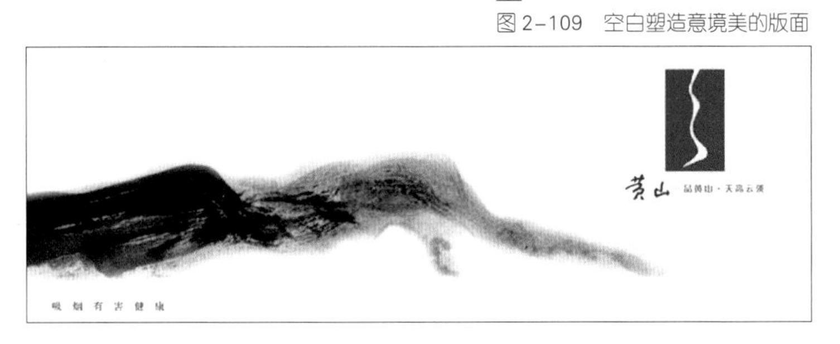

5. 塑造意境美

空白产生情景交融的意境美，这是中国艺术的最高追求。意境来自虚实结合产生的意象，让观者的情感与之交融。空白表现空蒙的空间及浓郁的诗意，有"此时无声胜有声"的效果，给人奇妙的想象和广阔的联想，从而达到空白即为画的视觉享受。如图2-109所示。

在信息爆炸的时代，空白的纯粹让现代人能释放压力并享受这样的美感，从接受美学看，空白是营造意境、启人遐想的重要前提。聪明的设计师要合理地利用空白，为观者提供美的享受。

第七节　如何调整版面率

版面率指版面中图文面积与版面的面积之比。设计之初的空白页面无任何内容，利用率为0，为空版。满版是图文占满整个版面，利用率为100%。从空版到满版之间的版面率是递增的关系。

低版面率指留白多、信息少、图文所占面积少，给人安静、稳重、简洁、高雅的感觉，处理不好易单调乏味，常用在诗集、散文的版式上（图2-110）。高版面率指留白少、内容多、图文所占面积大，给人活泼、亲和、热闹、大众的感觉，处理不好有拥挤和无序的问题，常用在超市海报中。

版面率在版式设计中有非常重要的作用，即使同样的内容，不同的版面率也会出现不同的效果，如图2-111所示。因此，应该根据内容多少和想要倾诉的情感来调控版面率。

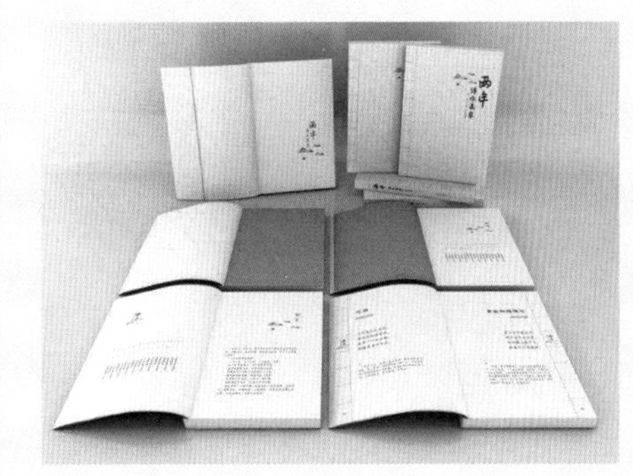

图2-110　低版面率示意图

一、增加或减少版面空白

印刷媒体需要考虑裁切的问题，页面的四边常留有一定的空白，分别称为天头、地脚、切口，中间摆放内容的地方称为版心。页面四周的留白面积越大，中间版心就越小，版面率就越低，也意味着页面中的信息量越少。页面四周的留白面积越小，中间版心就越大，版面率就越高，也意味着页面中的信息越多。

用好页面的四边，对于版式设计很重要。在书籍报刊的常见编排中，四边空白中有一少量元素，如栏目名称、页码等，如图2-112所示。如果把版心中的图文内容看成面或线，那么四边的内容易被看成点或线，它能作为装饰性元素，丰富版面效果。

以图为主的满版编排，取消了页边空白，视觉冲击力强。也有为了突出的需要，用异色将图片强调出来，起到边框的作用，如图2-113所示。现代版式设计考虑版面的统一效果，版心与四边并不是截然的分割，会用一些线条，或者线条状

图2-111　同内容、不同版面率效果对比图

的色块，将二者联系起来。

版面的空白当然并不都在四边。当大面积采用留白时，能营造出缥缈、高雅的氛围，激发读者的好奇心，产生无限的想象，如图2-114所示。正如我们在空白的作用部分所讲它有突出主体形象，产生虚实美和意境美的作用。

图2-112　四边留白的书报

图2-113
异色强调的页边空白

图2-114
有大量空白的版面

而减少空白的使用，使版心区域增大，文字和图像内容就变丰富，给人充实、饱满的印象。书刊、报纸、门户网站这类以信息传播为主要目的的媒体，就不得不减少空白的使用，此时的空白是为突出文字图片，以及用分栏的方式分割板块，制造节奏。为保证统一风格，四边空白和中间栏线的空白尺寸通常是固定的（图2-115）。

跨页编排的空白使用是需要整体考虑的，一般仍然在版面的四周，但会和图文的内容结合起来，如左边不留白右边留白，上下不留白左右留白，三个角落不留白一个角落留白，等等，这就要考虑穿插关系及轮廓边缘，如图2-116。留白部分的轮廓要综合处理，如采用穿插、叠压等方式，让不同区域的内容产生关联，形成你中有我、我中有你、相互穿插、互相呼应的局面，增强空白部分的效果，给人留下深刻的印象。

图2-115　满版边缘示意图

图2-116　跨页的空白

二、通过改变图像面积调整图版率

图像有强烈的视觉冲击力，图像所占版面的比例影响着传达效果，在“读图”时代，常常通过调整图像的大小比例来吸引眼球。如图2-117所示。

控制图像在版面中的面积比例叫图版率。提高图版率的一个手段是增加图片（图2-118），当图片尺寸固定时，图片越多，图版率就越高，反之图版率越低。第二个手段是改变图片的尺寸，如果只有一张图片，可把它放得很大，那么版面的图版率就会很高，满版图片的图版率最高。

图2-117　具有强大视觉冲击力的版式设计

图版率的运用是根据文字、图片的比例来决定的。以图为主的版面图版率高，以文为主的版面图版率低。虽然高图版率能吸引眼球，但优美的文字自有它的魅力，一味地提高图版率有损害信息的可能，并且可能成为新的视觉干扰。所以，图像所占版面的比例，应立足于信息传达的需要，不要一概而论。

图2-118　Theatre season 杂志

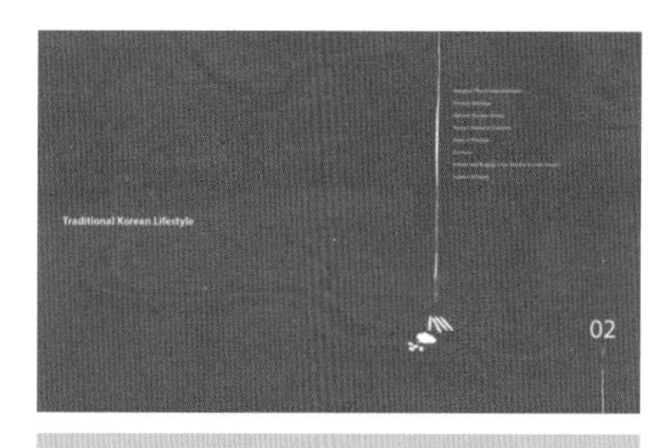

图 2-119　底色丰富版面示例

三、改变底色丰富版面

有一些页面，文字信息较少，但很重要，属于提纲挈领的内容，它需要单独的一页，但没有更多的图片资源，或者无法将现有的图片放大处理，可通过改变页面的底色来丰富版面，如图2-119所示。当然，这种方法只是令读者在视觉上觉得内容更加饱满丰富，并没有增加实际可阅读的内容。为解决这一情况，有时也将图片弱化为肌理，统一于某一单色的笼罩中，底色以不影响阅读文字内容为界，有含蓄悠远的味道。

另外一些页面，文字内容较多，容易使人疲倦，这种页面也可赋予其底色，使版面更丰富。通过对页面底色的调整，取得与提高图版率相似的效果，从而改变页面所呈现出来的视觉效果。这在大量版面采用白底黑字时有用，但如果大家一哄而上，都采用色底，这样反而不如白底黑字的版面清爽好看。所以，色底的使用是一把双刃剑，需以同类读物的运用情况为前提。

实训与汇报

1. 分组汇报。在UI设计、网页设计、招贴设计、包装设计、书报设计中各找两张版式设计作品，分析作品构图，有无网格支撑，是怎样的视觉流程？并分析其符合哪些形式法则？要求：3人一组，以PPT方式汇报。

2. 临摹与归纳。仿照已收集的版式设计作品或本书的图例设计一件版式设计作品，写明构图类型，有无网格支撑，是怎样的视觉流程，符合哪些形式法则。要求：作品为A4大小，运用PS/CDR/AI任意软件表现，将你的总结写在设计作品旁边。

3. 文字版式。选择古诗一首（可使用其中部分文字），尝试不同的编排，其中字体、字号、间距、颜色可随意变化，字的结构也可打散重构，可运用穿插、密集、聚散等方式组合。要求：设计作品两张，规则形和自由形各一张，每张作品为A4大小，运用PS/CDR/AI任意软件表现，将你的体会写在设计作品旁边。

4. 图片处理与图文混排。选择图文结合的版式设计作品一张，将主要（或唯一）图片进行裁切、缩放、合成、影调、退底、打散重构等处理（至少三种处理方式），再让版面剩余的元素与之适合，尝试不同的效果。要求：每张作品为A4大小，运用PS/CDR/AI任意软件表现，将你的体会写在设计作品旁边。

5. 图文混排设计。以各类设计比赛（全国大学生广告艺术大赛、工匠杯设计大赛、数字艺术比赛、包装创意设计大赛等）的命题进行创意设计，设计成系列的作品3张，或者独立的作品2张，并参加相关竞赛。要求：按竞赛要求设计，运用PS/CDR/AI任意软件表现。

第三章
版式设计应用
了解一下

各位进阶的准设计师们，通过前面两章的高强度学习，相信大家已经获取专业知识并领悟了通关秘诀。那接下来如何打通版式设计的关键一环，从而成为新一代设计大师，就看大家对版式设计应用的了解和掌握了。

本章包括五节，分别涉及UI设计、网页设计、招贴设计、书籍设计、包装设计五个主流设计品类。

第一节 UI版式设计

UI即User Interface的简称，意为“用户界面”。UI设计是指对软件的人机交互、操作逻辑、界面美观的整体设计，我们常说的UI设计是图形界面设计。好的UI设计不仅让软件变得有个性有品位，还使软件的操作变得舒适、简单、自由，充分体现软件的定位和特点。

一、UI版式设计概述

UI界面设计，表面看似只有几个简单的元素组合，然而当产品的基础原型设计出来后，界面设计师如果只是按原型进行设计而不考虑视觉设计规则，那么大多数情况下设计出的作品不会美观舒适，会出现显示效果不协调的问题，导致用户体验感降低。因此了解优秀案例的特点及设计原则，是营造良好视觉效果的前提。

1. 优秀UI设计的特点

好的UI设计应该具有简洁性、一致性、易操作性、色彩协调、信息有主次等特点。

（1）简洁性

UI设计要坚持以用户体验为中心，界面直观、简洁，操作方便快捷，用户对界面上对应的功能可一目了然，并且使用方便，易获取信息。设计时需要准确把握好“度”，过度的设计会干扰信息的传达，要减少不必要的设计元素，让信息清晰明确（图3-1）。

（2）图标一致性

UI设计中图标应清晰并保持一致，相同的模块采用一种风格的表现形式，图标在配色上也要保持统一，采用相同颜色是比较常用的配色方式（图3-2）。

（3）易操作性

UI界面应该能让用户快速上手操作，图标指向明确、无歧义，如果图标指示不明，应配合相应文字解释，只有这样的UI设计才能方便用户的操作（图3-3）。

11.H5界面设计一

12.H5界面设计二

13.H5界面设计三

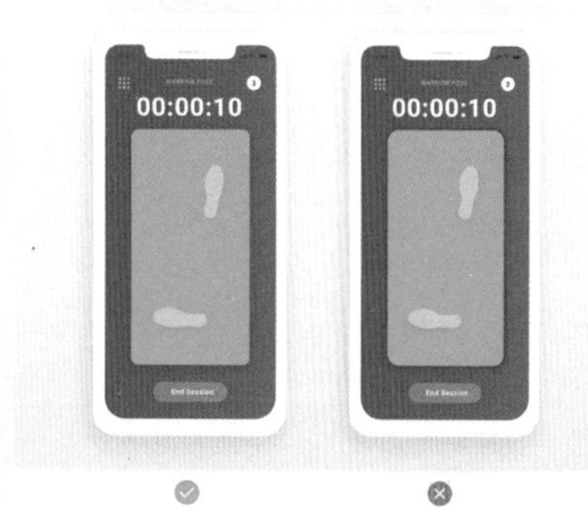

图3-1 设计简洁的UI界面

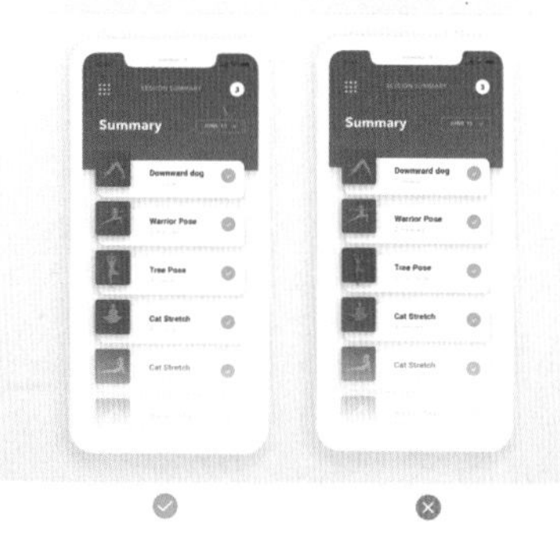

图3-2 图标一致的设计风格

（4）色彩协调

UI设计的色彩搭配要适宜、舒适，如图3-4所示。如果你采用不同色相的配色方式，要保持整体的配色协调，不要出现纯度、明度反差过大的配色。色彩的协调需考虑到手机软件使用场景、使用对象、想要营造的氛围等因素。

图3-3　图标明确的界面

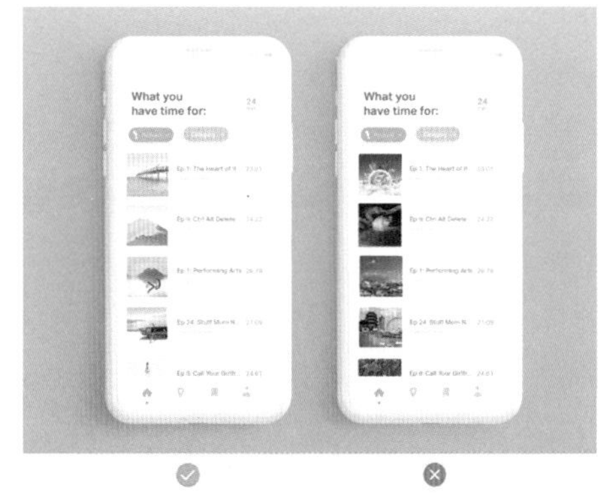

图3-4　色彩搭配舒适的界面

（5）信息主次分明

UI设计要布局合理，遵循用户从上而下，自左向右的浏览、操作习惯，避免常用业务功能按键排列过于分散，否则将造成查找困难。文本信息应分层级，根据信息的主次关系，将字号、行距等调整至合适大小，以便清晰直观地传达信息（图3-5）。

2.UI界面设计原则

（1）对比原则

对比创造差异，可分为大小对比、虚实对比、颜色对比、位置对比等。想让页面吸引眼球，区分不同的功能区，准确导航等，对比是重要且高效的方法（图3-6）。

（2）对齐原则

对齐可以让版面中的元素有一种视觉上的联系，以此来打造一种秩序感，如图3-7所示。如果不对齐的话，界面可能会显得凌乱，缺少层次感，进而降低用户体验。依托网格

图3-5　层次分明重点突出的界面

图3-6　用对比突出功能区的界面

图3-7
用对齐打造秩序感的界面

的对齐，可以使界面达到较好的视觉效果。

（3）重复性原则

UI设计时的重复可以是构图，也可以是图案、文字、色彩等元素。重复可以增强界面的条理性和统一性，也能制造节奏感和韵律感，是系列化设计的较佳选择（图3-8）。

（4）亲密性原则

亲密性原则指设计UI界面的布局时将相关图标或内容组织整合在一起，同一层级或同一领域一般具有亲密性，应该将它们靠近、组织在一起。在一个界面中，元素接近就意味着存在关联，不相关元素之间则应保持一定的距离。对元素的亲密处理可增强画面秩序感和使用的逻辑性，如图3-9所示。

图3-8　重复的构图

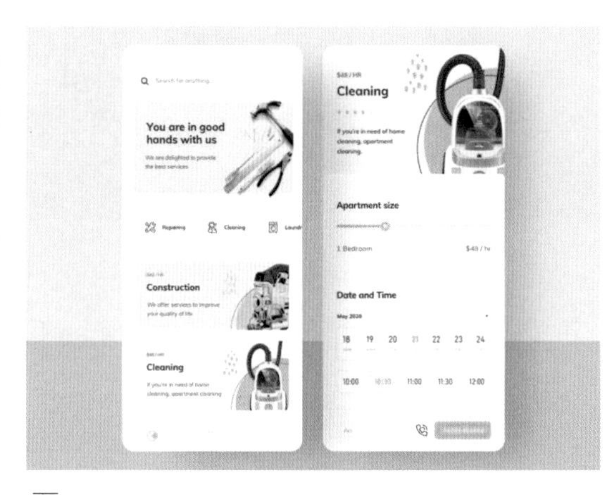

图3-9　元素被亲密处理后的界面

二、案例赏析

1.订餐软件界面设计

这是一组美食订餐软件界面的版式设计，图版率较高，界面通过菜单导航结合对应的图片，向消费者清晰直观地展示美食信息。给人充满活力的印象。色彩简繁对比，浅色背景给人干净清爽感，食物的丰富色彩传达食材的丰富，色彩对比有利于衬托食物的美味，增强消费者的食欲与购买欲（图3-10）。

2.天气预报软件界面设计

图3-11是一款天气预报软件的界面，该版式设计是清新的插画风格，插画表现手法拉近了与用户之间的关系，让用户感到趣味、亲切与舒适。界面色彩暗示了天气情况，暖色调与冷色调使用户对气温状况一目了然。界面设计引入了年轻的社交元素，有独立的天气圈，该天气圈针对不同细分人群对天气的需求，提供及时和准确的预报。同时，通过大数据，该软件利用记忆功能增加了用户黏性。

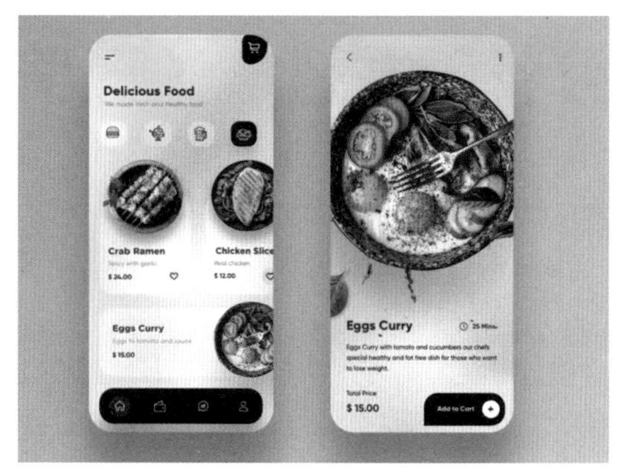

图3-10　国外餐饮美食界面设计

图3-11　天气预报软件界面设计

3. 音乐播放软件界面设计

图3-12是一组音乐播放软件界面的版式设计，它包括登陆界面、播放界面和用户主页界面等。登陆页面、播放页面都是中间对齐，有对称美。登陆页的耳机设计暗示了软件的音乐属性，播放页背景色是渐变的黄绿色，给人时尚动感的感觉。用户主页界面采用分栏设计，将功能图标与分类主题图文进行对比处理，画面感强。

图3-12
音乐播放软件界面设计

4. 管理系统软件界面设计

图3-13是一组移动端的汽车行业管理系统界面版式设计，它采用简约的扁平化风格，色彩主要以高明度的无彩色为主，色调柔和明亮，给人舒适的视觉感受。装饰性构图元素主要是少量的色块。整体界面更趋于功能化，版面直观清晰，让用户更专注于内容本身。

图3-13
移动端的汽车行业管理系统界面设计

5.旅游网站界面设计

图3-14是一组旅游网站界面的版式设计，第一个界面通过图片层叠展现了较好的立体效果，留白增强了浏览界面的轻松感，并且提升了软件的品质感。第二个界面的路线图搭配使版面条理清晰。第三个界面通过相同大小板块的重复，给用户提供多元的选择。

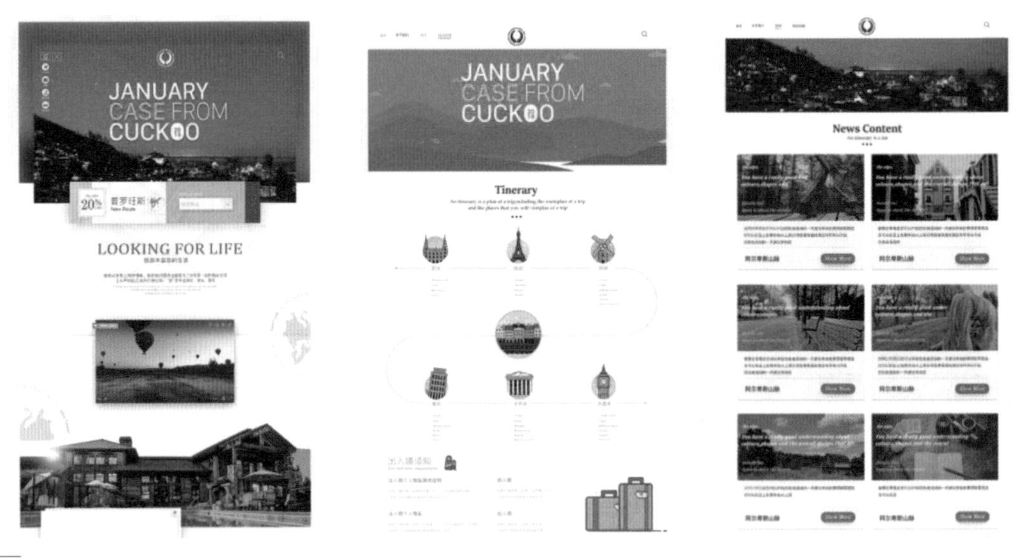

图3-14　WEB旅游网站界面设计

6.电商主题界面设计

图3-15是2020京东年货节主视觉设计，主题为“京东一下，年味到家”。设计师基于春节的传统节日属性，在视觉设计上注重传统元素的选择。色彩选取了代表年节的中国红，搭配小面积的对比色，再配合传统的纹理，加上能代表春节的典型元素——灯笼，做氛围点缀，使画面喜庆，有层次。

图3-15　2020京东年货节界面设计

14.网页排版与布局

第二节　网页版式设计

网络改变了人与人之间的交往方式，对我们的日常生活及休闲娱乐方式都产生了重要影响。随着数字化网络技术的飞速发展，人们对互联网的应用也在广泛普及。网页设计利用图形、视频、动画、文字、链接等元素，将更多信息传达给用户。

一、网页版式设计概述

网页版式设计指在有限的屏幕空间内，将视觉、动画、听觉、链接各要素内容进行有序、有规划的编排，使人在了解信息的同时，体验到美的视听体验。与传统的纸质版式设计相比，网页版式设计有其特有的表现力。网页版面通过音视频、动画、链接、文字、图片、图表等多媒体语言表现特定的主题内容，在表现方式上，这些构成元素较之传统的纸质版面元素要丰富得多，表达的内容和形式也更加活泼、自由。如图3-16、图3-17所示。

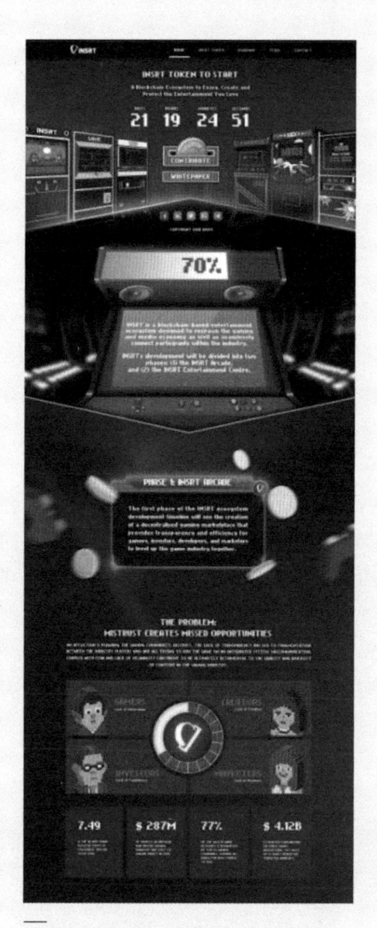

图3–16　INSRT映射游戏网页版式设计

图3–17　KMIFX网页版式设计

网页版式设计中，要合理利用视频、动画、音频、链接等特有的多媒体方式来进行表现，这是网页版式设计特有的优势。除此之外，网页版面仍保留传统视觉设计中的图形、图表、文字、色彩、按钮等视觉元素，要把各种视觉元素整合在一起，既要保证点击时的准确性和方便性，又要注意整个网页的视觉美感。如图3-18、图3-19所示。

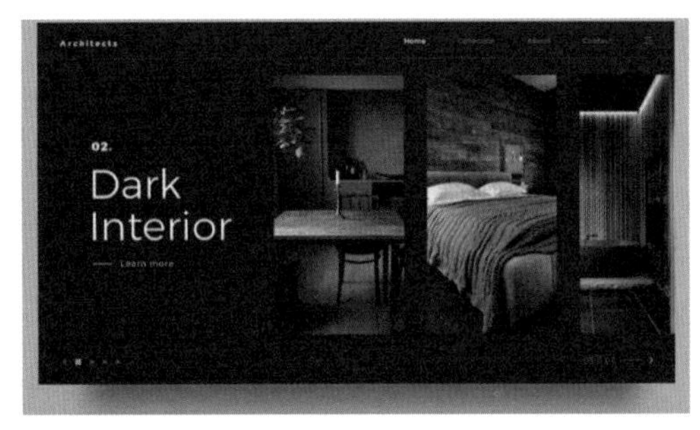

图3-18　家居主题网页版式设计

图3-19　网络科技公司的网页版式设计

作为一种视觉设计，网页设计仍然讲究编排和布局，多页面的编排设计要求把页面之间的有机联系反映出来，特别要处理好页面之间和页面内的形式与内容的关系。虽然主页或内页的设计不等同于平面设计，但它们有许多相近之处，其编排布局可参照版式构图执行。如图3-20所示。

为了将丰富的意义和多样的形式组织成统一的页面，形式语言必须符合页面的内容，体现内容的丰富含义。灵活运用对比与调和、对称与平衡、节奏与韵律以及留白等手段，通过空间、文字、图形之间的相互关系建立整体的均衡状态，产生和谐的美感，有助于形成统一的页面和丰富的形式。如页面设计中的对称往往有呆板的缺点，但加入一些富有动感的文字、图案，或采用夸张的手法来表现内容，则会使页面生动活泼起来。另外，点、线、面作为视觉语言中的基本元素，巧妙地互相穿插、互相衬托、互相补充，可丰富页面效果，充分表达完美的设计意境。

一般来说，一个网页包括标题、图形、导航等内容，它们在网页中所起的作用各不相同。标题大多是反映页面的主题，图片在网页中主要起着吸引浏览者注意力和更好地表现主题的作用，导航则是将纷繁复杂的内容清晰化、秩序化，从而方便观者的阅读。这可根据它们各自的作用进行版式设计。如图3-21、图3-22所示。

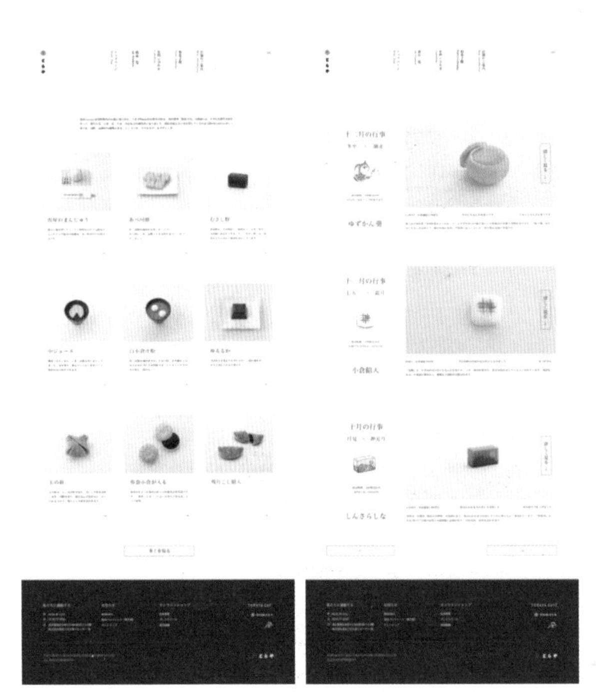

图3-20　日本某商业公司网页设计

图3-21 CHAYO网页版式设计

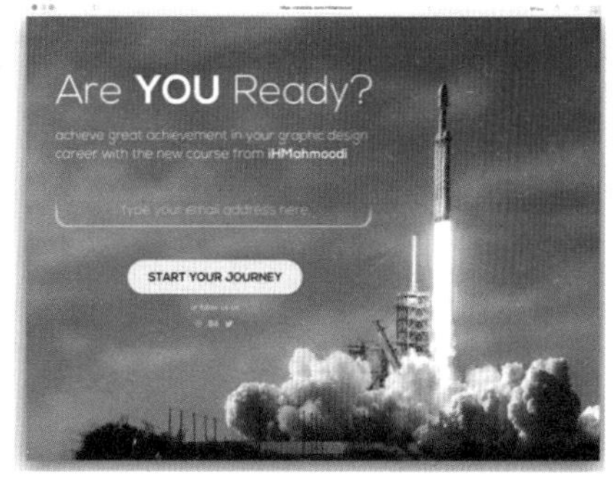

图3-22 国外网页版式设计

网站首页信息量较少，多强调网站的风格形象，所以设计时可以采用较为自由的版式编排，以取得理想的效果。进入内页后，主要是信息的传达，要加强导航、链接、图文信息块的设计编排，使观者能迅速查找到自己需要的内容在哪里。内页在保持同样风格的基础上，可以用不同色彩对页面进行块面的分割，将不同内容块面化，这种分区的方式有助于将内容条理化，也有助于观者对信息的查找。如图3-23、图3-24所示。

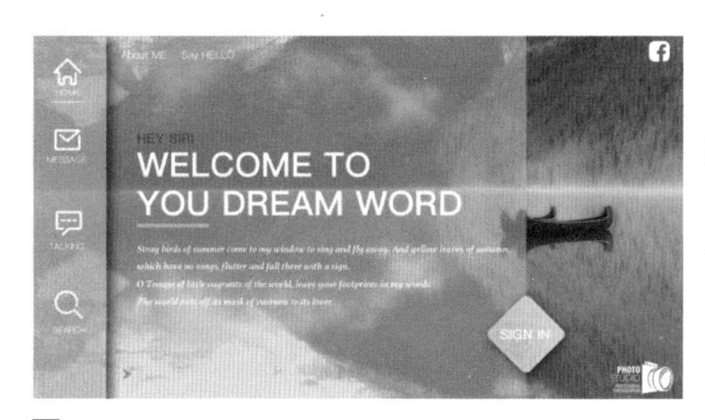

图3-23 个性化设计更显时代感的网页

图3-24 色彩淡雅的网页设计

当前，个人网页设计占有了一定比例，比如个人博客网页出现了各种随意组合的设计编排，其色彩和页面分割更加大胆，如图3-25、图3-26所示。可以预见，将来的网页设计将更多地展示个性，而与之相关的网页设计也必然有着更为宽广的发展空间。

网页设计根据版面信息组合形式的不同可分为不同的类型。

图3-25 电商主题网页设计

图3-26 烹饪主题网页设计

1. 骨格型

骨格型是以网格为基础，采用规范的理性的分割方法，类似于报刊的版式。它一般以竖向分栏为多，常见有竖向通栏、双栏、三栏、四栏。竖向分栏结合横向的编排，将不同内容分割组合，清晰明确，给人以和谐、理性的美（图3-27）。

2. 分割型

分割型是把页面分割成上下或左右两部分，分别安排音视频、图片或文字。这种分割有利于主体信息的突出。分割线的处理能成为版式设计的变化点，如压置的图片既打破了页面分割的生硬感，也使自身得到强调（图3-28）。

图3-27　骨格型网页

图3-28　分割型网页

3. 满版型

满版型页面以图像充满整版，四边出血，向外扩张，主要以图像为诉求点。满版型有很强的视觉张力。页面中文字较少，一般置于图像之上，起到提醒与解读的作用（图3-29）。

4. 中轴型

中轴型页面沿浏览器窗口的中轴线将图文内容做水平或垂直方向的排列，水平排列的页面给人稳定、平静、含蓄的感觉，垂直排列的页面给人以上升、气势、舒畅的感觉（图3-30）。

图3-29　满版型网页

图3-30　中轴型网页

5. 倾斜型

倾斜型页面多将图片、文字做倾斜编排，形成不稳定感或强烈的动感，引人注目。倾斜的部分与正常排版的部分产生对比与动势，使其印象被加强（图3-31）。

图3-31　倾斜型网页

6. 对称型

对称的页面给人稳定、严谨、庄重、理性的感觉（图3-32）。

图3-32　对称型网页

7. 视觉重心型

视觉重心型的网页版式通过强调主体形象，再经过视觉流程浏览其他部分，使页面具有强烈的视觉效果（图3-33）。

图3-33　视觉重心型网页

8. 三角型

正三角型网页的构图，主体形象稳定而突出，视觉上给人踏实、可靠的感觉。倒三角型有很强的动感（图3-34）。

9. 自由型

自由型的页面以散点构成，具有活泼、轻快的特点，营造一种随意、轻松的气氛（图3-35）。

图3-34　三角型网页

图3-35　自由型网页

二、案例赏析

1. 餐厅主题网页版式设计

图3-36是一个西餐厅的网页版式设计，宣传口号使用了较为活泼的字体，并结合实

图 3–36　餐厅主题网页版式设计

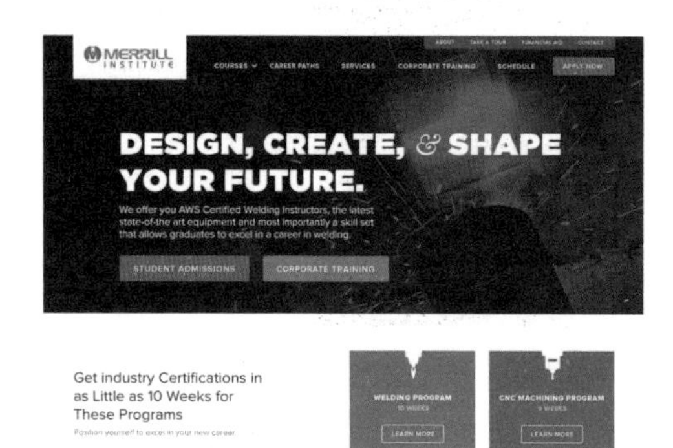

图 3–37　教育培训主题网页版式设计

物拍摄作为Banner（横幅广告）底图，形成独特的视觉效果，给人强烈的视觉感受并激发消费欲。版面中间内容使用左图右文的分割排列，右边工整对齐的文字排版与左边故意打破常规的图片版式形成对比，统一又有变化。深灰色的背景设计，突显出食物的高级与美味。

2. 教育培训主题网页设计

图3-37是一个教育培训网站的版式设计，该网站使用了较为沉稳的色彩配置和较为个性的背景图像处理，稳重的界面风格呼应了教育培训网站的主题和内容。中间的广告图案使用了工业风格的生产实景图，体现了教育培训网站的宣传点，同时也是有能力为学员打造广阔发展空间的职业暗示。主图与字体分别选用了低纯度、低明度色彩和高明度、加粗字体，信息传递明确、强烈，富有设计感和厚重感。右上角和左下角的高纯度红色图标的加强处理，增加了目标用户点击的欲望和成为真正客户的可能性。版面的下方为教育机构相关培训宣传，色彩和字号都有削弱，主次分明，其整齐的排列给人严谨、踏实的感觉。

3. 搜房主题网页版式设计

图3-38是一个国外搜房主题的网页版式设计，这种类型的网页客户需要在一页中看到所有内容，因此整个版面内容丰富、繁杂。设计师将视觉元素进行了色调、造型上的统一处理，以象征房产的低纯度橘红色为主色调，贯穿页面始终，使其风格统一。插画风格的使用，让人产生亲切感与归属感，将搜房网的服务风格表达到位。版式采用传统分栏式设计，又结合有节奏的突破，产生形式上的错落有致，塑造了整个页面的节奏与秩序。

4. 汽车主题网页版式设计

图3-39是奔驰汽车的网页设计，网页主界面采用大图像和视频轮播的方式展示，运用网络多媒体语言的丰富性吸引观者的注意力，滚动播放的视频中加入了3D渲染效果，刻画了产品细节。同时，摄影图片注重现代感的处理，结合色彩的个性化展现，塑造了高端品牌形象。插入的轮播视频让用户在愉快的视听感受中选购合适的产品。

5. 企业官网版式设计

优易单官网（图3-40）改版从产品风格、插画设计、图标设计三个方向进行重构。官网首页分为七个模块，着重突出产品功能和产品特点。整个页面采用骨格分割，使其简洁清晰，引导用户更直观、更快速的了解优易单产品的各个方面。该页面整体风格简约、大气、时尚，有助于提升用户转化率和留存率。

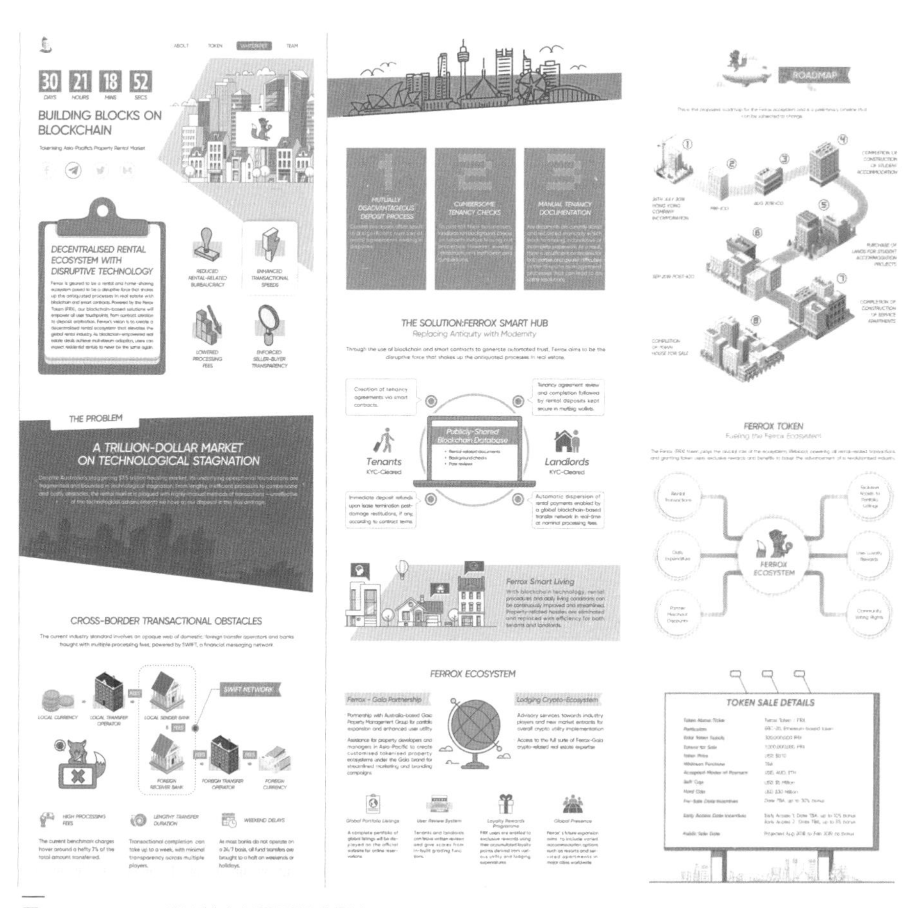

图 3-38　Ferrox 澳洲找房狐网页版式设计

图 3-39　奔驰汽车网页版式设计

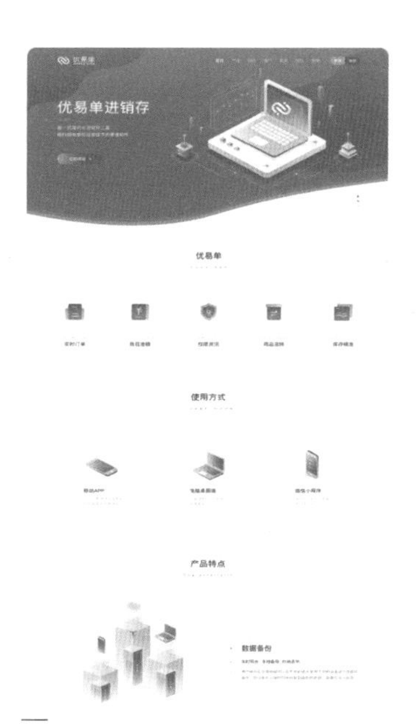

图 3-40　优易单官网版式设计

第三节 招贴版式设计

招贴又名海报或宣传画，是平面设计的重要内容，它广泛运用于人流量较大的公共场所，比如学校、商场、街市、车站、码头、影剧院等地方。招贴设计的特点是尺寸较大、形象醒目、创意巧妙、色彩强烈、图文配合、视觉冲击力强，通常能在瞬间吸引观者的目光，达到宣传的目的。除此之外，招贴还因其印刷方便、成本较为低廉、易张贴、更换便利、阅读快捷等优点，有其不可替代性。

一、招贴版式设计概述

招贴设计以二维的静态形式存在，但视觉效果却强烈有动势。它运用各种设计语言制造出有强烈对比的画面，吸引人们的注意，向观者传达特定的信息，给人留下深刻的印象，在无形中影响到人们的想法、选择或消费行为。在平面设计中，招贴设计可算是最强调视觉冲击力的一种设计形式。对比是招贴设计的重要手法，通过色彩对比和文字图形的大小对比等，达到吸引人们注意力的目的。另外，还可以通过一些个性化构图，与常理相悖的设计，或趣味化的、夸张变形的视觉形象，并且配合相应的文字说明，突出招贴的主题和目的。如图3-41所示。

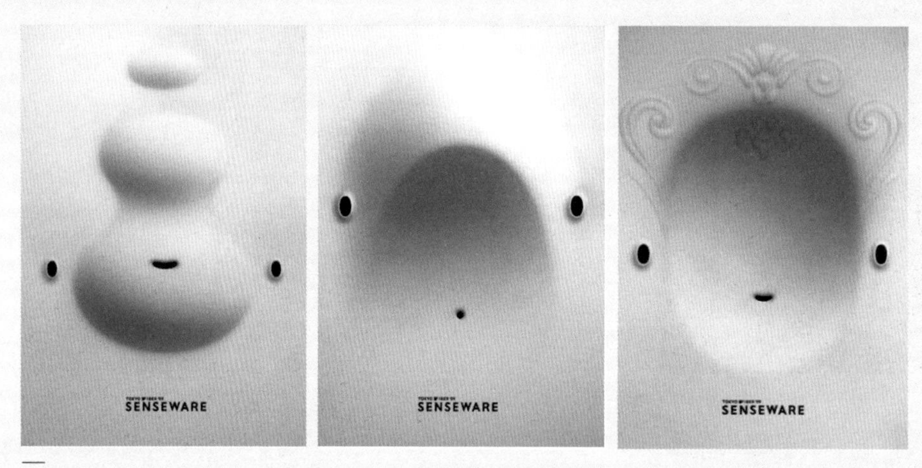

图3-41 原研哉 Senseware 系列海报设计

招贴海报根据其传达目的及宣传内容的不同可以分为公益招贴海报和商业招贴海报。公益招贴海报一般是指没有任何商业目的，以宣传某种对人类及社会有益的，或以倡导一种健康的生活或行为方式为题材的招贴海报形式。比如：保护环境、尊老爱幼、节约用水，或者以防疫各种疾病为目的的招贴海报，如图3-42所示。商业招贴海报以促销商品、满足消费者需要为创作的出发点，一般是商品形象或商品细节的直接展示，有时加上情感的表达，或绘制商品的故事，有些商家为了树立自己的企业形象，也会采用一些艺术性较

图 3-42　环保海洋主题海报

强的招贴海报形式来体现企业所具有的品位。

相对来说，社会公益性海报约束较少，视觉传达形式更为自由，设计师根据所要表达的主题，能够创造独特的构图，采用比较奇异、夸张、另类的视觉语言，对招贴内的各种文字、图形元素进行自由的取舍与加工。因为这类招贴内容上具有创造性、思想性，以及版面形式上有较高的自由度，很多设计师更愿意设计这类招贴来体现其独特的个人风格。如图 3-43 所示。

图 3-43　公益海报——日本“节电”主题

相对于公益招贴海报而言，商业招贴海报所受的约束要大得多。商业海报最主要的功能是传播商品的各种性能、产品特点、质量质地、使用方式等。因此，在设计时要更加突出这些特征和信息。同时，需要配合其他的促销手段，打破人们的思维定式，对新产品产生兴趣，从而达到刺激需求的目的。因此，在进行商业海报的设计时，应该多以突出产品为主，利用鲜亮的色彩、夸张的图形、醒目的标题或广告语等手段刺激人们的视觉感受，吸引人们关注产品，进而产生购买的欲望。有一些商品已经在消费者心中建立起口碑，这时可以不那么突出产品，而是直接对品牌进行表达。为使消费者印象深刻，一般采用系列化的设计，通过重复加深目标群体的印象。如图3-44所示。

招贴设计和其他的媒介相比有很多的优势，比如它具有视觉设计中的绝大多数基本要素，它的设计表现方法比其他媒介更全面、自由，适合作为基础学习的内容，图3-45 ~ 图3-47展示了不同类型的海报设计。所以，招贴设计仍然是很多院校视觉传达设计和版式设计课程的重要内容，学生在学习招贴设计的基础上，再进行其他媒介设计的学习会更加有效。

图3-44　商业招贴海报

图3-45
《权力的游戏》第八季预告海报设计

图3-46　全球未来教育与趋势大会海报设计

图3-47　耐克的商业海报设计

二、案例赏析

1. 汽车商业海报

图3-48中的两幅汽车商业海报设计采用了隐形同构的设计形式，SUV隐形于迷彩花纹里，表现了汽车与大自然融为一体的效果，这正是大众SUV的强项所在。汽车能够隐藏在环境之中，这里借用的是“隐形”逻辑里的“融合”特征。海报整体色调符合所要传达的主题和产品特点，使招贴宣传准确到位。

图3-48　大众汽车商业海报

2. 教育机构宣传海报

图3-49是一组教育机构宣传海报设计，左边作品是投篮画面，画中隐藏着一个躺下的小孩，耳朵成了篮筐，投篮选手是其舌头形象，篮球是由英语单词变形而成。右边作品是攻打城堡的画面，孩子仍然隐藏在画面背景里，耳朵成了城门，舌头成了抛石机，石头由英语单词变形而成。整个海报利用隐形手法暗示主题。因为玩游戏是儿童的天性，本机构的教育是和游戏紧密结合的，能让孩子在游戏中学习成长，这正是教育机构的卖点——寓教于乐。

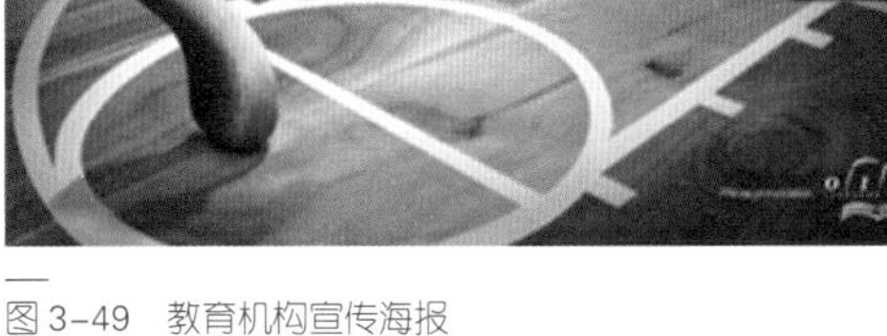

图3-49　教育机构宣传海报

3. 电影宣传海报设计

《捉妖记》和《寻龙诀》的宣传海报设计分别如图3-50、图3-51所示，均采用了隐形的手法。《捉妖记》中的“捉”，使被捉的对象——妖有强烈的不安全感，试图躲起来，所以海报也使用隐形手法表现，“妖”隐于环境中，外形特征不好识别。漏出的一只眼睛暗示妖的存在，眼神也传达出了怕被发现、怯生生的形象。用同样手法设计的《寻龙诀》海报，也是利用环境隐藏主要视觉符号，这里隐藏了一个骷髅，骷髅暗示着危险，与人物的探险盗墓相联系。

《黄金时代》的电影海报，如图3-52所示，利用正负形突出笔尖中缝的女主人公。这是部纪录片似的电影，主人公女作家萧红的一生就像是一本书，边活着边记录，长达3小时的电影书写了萧红的一生，电影里萧红也书写了自己的一生，所以，这里的正负形也将两者（作家与书写）的关系强化出来。

图3-50 《捉妖记》海报

图3-51 《寻龙诀》海报

图3-52 电影《黄金时代》海报

电影《影》的创意逻辑很明确，如图3-53所示，影子需要有正身，人和影就形成关联，正常情况两者应合一。此处《影》的招贴采用“异影同构”来表达，对应电影中同一身份的正反两个人物的逻辑关系（电影里邓超一人分饰两角，是不同的两个人）。“异影同构”的创意手法，将正身和影子联系起来，也将其分裂开来。

4. 公益宣传招贴设计

健康与和平是人类关注的永恒话题，此类公益海报设计精品层出，不少大师也参与其中。冈特·兰堡的招贴设计（图3-54），以人体骨架为创意原型，置换为烟灰，揭示吸烟对人类的伤害，这种异质同构，将招贴主题的深刻内涵表达得淋漓尽致。福田繁雄的作品（图3-55）用简洁的图形作为基本形式，将弹头反向设置，传达战争害人害己的主题，由

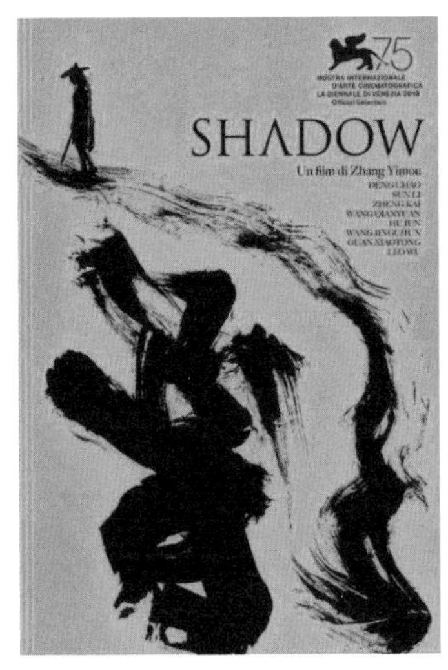

图3-53　电影《影》宣传海报

图3-54　冈特·兰堡的公益招贴

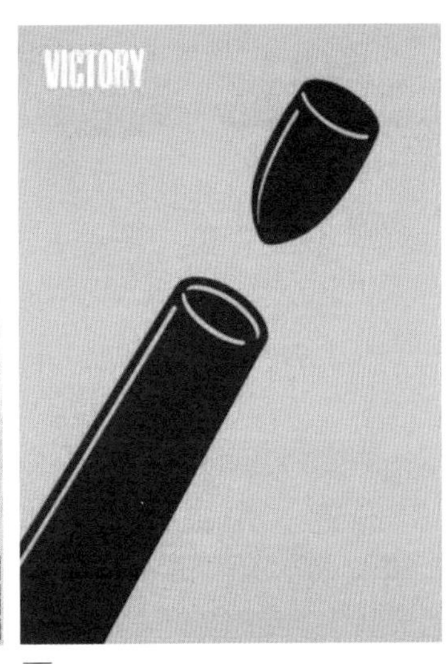

图3-55　福田繁雄的公益招贴

此产生深远的警示意义。两位大师的设计画面简洁，主题鲜明，通过版面艺术化处理，赋予作品深刻内涵，极大地发挥了图像和创意的魅力。

5.电商海报设计

图3-56和图3-57两幅电商海报设计都以产品和品牌作为诉求点，形象直观强烈。第一幅作品将鞋子以放射状排列，使观众眼光聚焦到中间文字信息部分，起到了视觉引导作用。第二幅作品利用对角线方式构图，商品的规整排列严谨有序，也起到分割画面的作用，中间的文字强烈醒目，很好地表现了促销的主题。

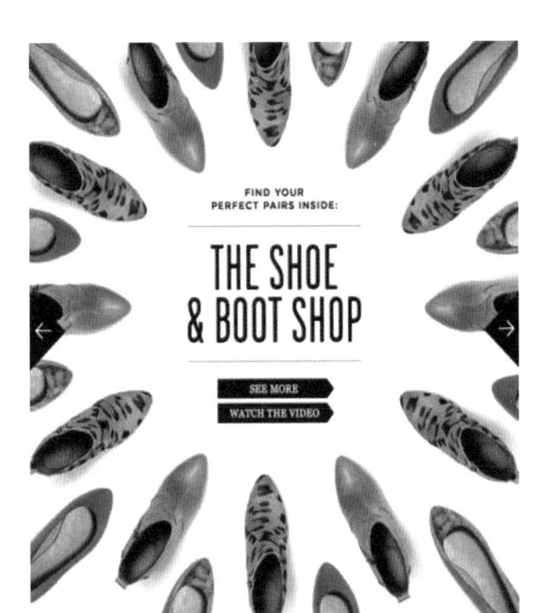

图3-56　电商海报设计一

图3-57　电商海报设计二

第四节　书籍版式设计

15.书籍版式设计的构成要素

书籍设计是书籍从文稿到成书出版的整个设计过程，也是完成从书籍形式的平面化到立体化的过程，它是包含了艺术思维、构思创意和技术手法的系统设计，是平面设计的重要内容。报纸杂志、宣传册、DM传单、报纸也具有书籍设计的许多属性，比如印刷、开本、成册、图文、发行推广等，版式设计方面，它们和书籍设计在构图、创意、技术手法、思维上都能合并归纳，所以我们把它们并在一起介绍。

一、书籍、期刊、报纸版式设计概述

1. 书籍版式设计概述

吕敬人先生说："文字是有力量的，而一本好书的能量，也宛如宇宙！"他认为书籍设计是一个对文本整体设计的过程，不仅仅是封面设计与装帧那么简单。书籍设计师应该是一个"建筑师"，在尊重与关照文本的同时，要为文本建筑一个能让读者愉快阅读的舒适的"家"。吕敬人在日本深造期间，恩师杉浦康平曾教诲到："设计一本书，要像拍一部电影、导一场戏一样！"作为书籍设计师，建筑文本的"家"，如同导演好一场"戏"，这是书籍设计的魅力所在。图3-58为杉浦康平的书籍版式设计作品之一。

我国书籍装帧设计有悠久的历史，唐代有雕版刻印的《金刚经》，宋代活字印刷术的发明促进了书籍的设计，书籍版式已有天头、地脚、书口、界行、鱼尾等划分，明清时期更是诞生了以四大名著为代表的书籍，这时插图盛行，也促进了市民文化的发展，如图3-59为具有民族特色的书籍版式设计。近代以来，受西方设计的影响，我国书籍设计曾出

图3-58　杉浦康平《全宇宙志》

图3-59　有民族特色的设计

现过对国外设计作品的盲目崇拜模仿。对大量国外设计资料的参考，虽然让我们迅速了解了国外先进设计理念与方式，但也很快表现出与我国本土文化内涵不相匹配的问题。因此，众多设计师对基于传统文化的内容给予了更多的关注，其设计呈现出鲜明的中国特色。

在对“传承创新”与“现代语境”之间的平衡上，吕敬人将“不摹古却饱浸东方品味，不拟洋又焕发时代精神”作为书籍设计师的追求。因为一味模仿传统或西方，会失去创造的动力，因此需与时俱进。古人云:“文不按古，匠心独妙”，文章如此，设计亦如此。传统的设计中蕴藏着古老的东方智慧与审美，同时西方设计中亦有很多可供借鉴的地方，这些是设计创新发展的源泉。

吕敬人将此理念用于设计实践。在中国蒙学读本《朱熹榜书千字文》(图3-60)的设计上，他将文字的“精、气、神”贯穿始终，将原作中平面的文字，以模拟雕刻版的凹凸方式呈现出来，汉字里“点、撇、捺”等基本视觉要素被巧妙地运用到封面设计上。书名中“千”的一撇，“字”的一点，“文”的一捺成为各分册的个性表述，体现了“最东方”的人文情怀，呈现出了“最当代”的设计语境。2008年奥运会国礼书籍《中国记忆——五千年文明瑰宝》(图3-61)被评为2008年度德国莱比锡“世界最美的书”，封面上“中国记忆”四个字在版式上有平衡稳定作用，它注重笔画粗细之间的对比，书法表现出韵律感，加以传统水墨元素的创新融合，使得动中有静、静中有动的东方神韵挥洒得淋漓尽致。

书籍由封面、封底、书脊、扉页、勒口、目录页、版权页和正文等组成，这些是观者欣赏一本书美观与否的主要参考依据。下面我们来认识一下这些常用的书籍部分。如图3-62所示。

图3-60　吕敬人《朱熹榜书千字文》

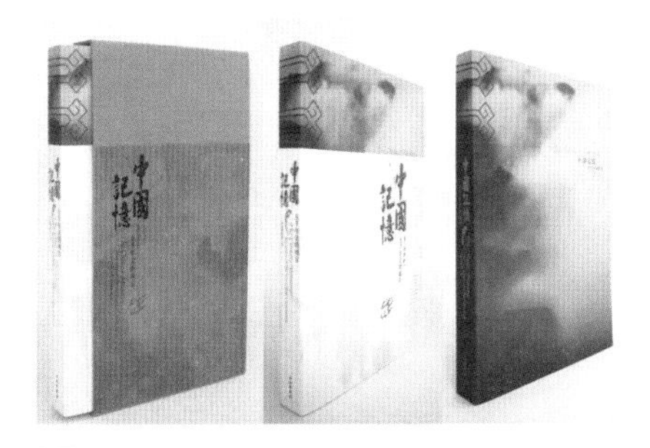

图3-61　吕敬人《中国记忆——五千年文明瑰宝》

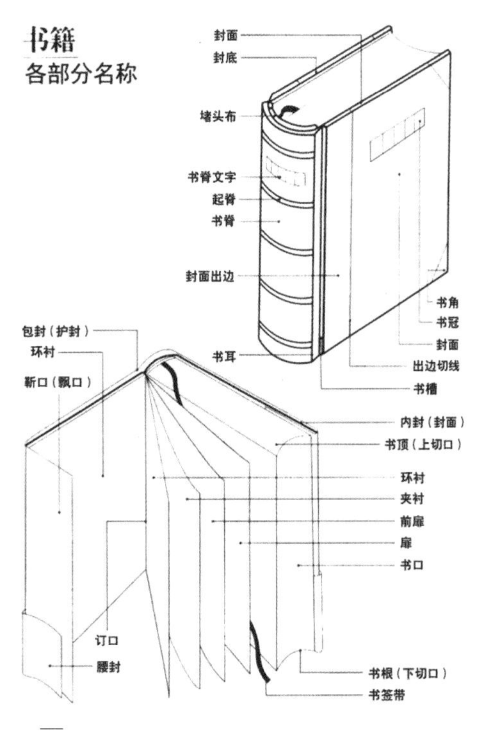

图3-62　书籍各部分示意图

扉页：内容与封面基本相同，一般常加上书名、著译者姓名、出版年份和出版社名称等。扉页一般没有图案，大多与正文一起排印。

目录页：通常包括整本书的各个章节及名称，并且按顺序排列每章节所在的具体页数，起到导航的作用。

书脊：书的侧面，用来连接封面和封底的部位，提供书名、作者、出版社等主要信息。

版权页：又叫版本说明页，主要供读者了解书的出版情况，便于以后查找。它一般被印在扉页的反面或者最后一页的下部。版权页上通常印有作者名、书名、出版社、发行者、印刷厂、开本、版次、印次、书号、字数、印张等内容。其中印张是印刷厂用来计算一本书排版和印刷纸张的基本单位，一般将一张全开纸印刷一面叫一个印张。

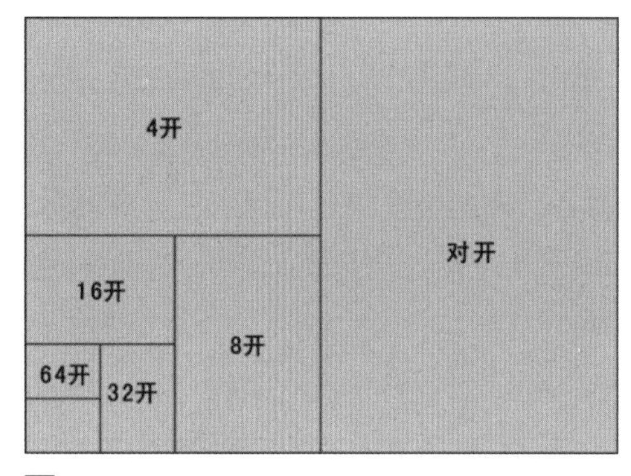

图3-63　比较常见的开本形式

开本：指版面的大小，它以一张全开纸为计算单位，每张纸裁切和折叠成多少小张就称多少开本。目前我国习惯上对开本的命名是按照几何级数来命名的，常用的分别为整开、对开、4开、8开、16开、32开、64开不等（图3-63）。

一本书除了封面、封底、扉页、目录、环衬、前言、正文等几个部分的内容以外，书籍中每页的正文还有若干构成要素，比如：版心、天头、地脚、书口、订口、栏、页码、页眉等。

版心：是页面的核心，是指图形、文字、表格等要素在页面上所占部分。一般将杂志翻开后两张相对的版面看作是一个整体来考虑版面的构图和布局的调整。版心的设计主要包括版心在版面中的大小尺寸和版心在版面中的位置两个方面。版心的大小一般根据书籍的类型来定。画册、杂志等开本较大的书籍，为了扩大图画效果，很多都采用大版心，乃至“出血”处理。字典、资料参考书等书籍，因为字数和图例相对较多，也比较厚，因此应该扩大版心，缩小边口。相反，诗歌、经典类书籍则应采用大边口、小版心为好。

天头：是指每张页面的上端空白处。

地脚：是指每张页面的下端空白处。

订口：是指靠近每张页面内侧装订处的空白处。

书口：指靠近每张页面外侧切口处的空白处，一般比订口要宽些，以方便翻阅的需要。

栏：是指由文字组成的一列、两列或多列垂直的部分，中间以一定的空白或直线隔开。书籍一般有一栏、双栏和三栏等几种编排形式，也有通栏跨越两个页面的情况。

页眉：是指排在版心上部的章节名、文字及页码，一般用于检索篇章。

页码：在书籍正文的每一面一般都排有页码，用于表示书籍的页数，通常页码排于书籍切口的一侧。

在明确了一本书的各部分名称后，如果想要完整地完成一本书的设计，需要进行下列步骤。

首先，创意构思。根据书名和内容寻找恰当的视觉语言是书籍设计的重要一步。深刻理解主题是信息传达之本，随后才可以进入后续各阶段。将司空见惯的文字融入自己的情感，并能找到触发创作的兴趣点来创意构思。封面是表达创意构思的主要载体，应当不断推敲，寻找适宜的视觉语言。如图3-64所示的两幅书籍封面设计就很有创意。

图3-64 《追梦的孩子》和《人生海海》的封面

其次，形式选择。在书籍整体设计中，要从视觉、触觉、嗅觉等角度考虑书籍的形式。对内容精神的理解和合适准确的元素，是书籍形式定位的标尺。要想塑造全新的书籍形式，首先要有对书籍造型进行创新的意识，最重要的是必须按照不同的书籍内容赋予其合适的外观，外观包括材料外观和视觉设计形成的外观，这需综合考虑。其次是根据书籍的主题选择不同的材料，打造有完美视觉、触觉感受的综合体。如图3-65、图3-66所示的两种书籍外观形式。

最后，语言表达与视觉化呈现。书籍设计的语言包括书面文字语言、信息逻辑语言、图文符号语言、传达构架语言、质材性格语言等等，均为书与人之间的媒介关系。而将这些语言物化和视觉化呈现给读者，才是强化书籍之美的根本。理解和掌握视觉物化过程是完美体现设计理念的重要条件。通过书籍设计将信息进行美化，使读者具有丰富的视觉体验，并且易于阅读，为读者创造精神享受的空间，丰富读者的感官体验并为读者插上想象的翅膀。如图3-67展示了两种特色的书籍版式设计。

图3-65 古典高雅的书籍形式

图3-66 杨不忘的《平遥古城文创设计》

图 3-67 《视觉之书》《声音之书》的视觉化呈现

任何一本书的设计形式都是为图书内容服务的目的。但每本书的外观设计又都有其各自不同的形式要求，图书版面也应该具备各式各样的可塑性、适用性。“千书一面”的版式设计显得刻板、平庸，容易使人读起来乏味，最终导致读者对书的内容失去阅读的兴趣，一本好书因而就有被闲置的可能。相反，一本书如果具有独特的版式设计，就能在很短的时间内抓住读者的眼球，引导读者一步一步进入阅读佳境，在不知不觉之中遍览全书，这是优秀的书籍设计师所要达到的最终目的（图3-68）。

图 3-68 各具特色的书籍设计

2.杂志版式设计概述

杂志是书籍的一种表现形式，与书籍相比，杂志的形式更为丰富灵活。随着不断增长的物质文化生活需要，人们对于阅读及欣赏的要求也趋于多样化，其内容涉及日常生活的方方面面，从娱乐、影视、新闻、时装、美容、汽车、家居到电子产品等，各种内容的杂志极大地丰富了我们的生活。

如何塑造杂志的个性特征，牢牢地抓住消费者的目光，力求在读者中形成良好的口碑，树立优良的品牌形象，进而拥有一批忠实的读者，是目前杂志日益关注的问题。提高杂志设计的品位，增加杂志印刷的精美程度，增强杂志内容的可读性、趣味性，打造独特的开本等，成为杂志张扬个性和提高销售量的重要手段。在设计时要紧紧把握住目标群体的年龄、身份、阅读喜好等特点进行合理的版面编排。比如《中国国家地理》（图3-69）、《锋绘》（图3-70）、《Vista看天下》（图3-71）等杂志，它们就从读者定位和版式与内容的结合上很好地形成了自己的固有风格，赢得了市场。

此外，对于一些设计类或者内容比较前卫的杂志，如《青年视觉》（图3-72）、《computer arts》（图3-73）等，在进行这类杂志的版式设计时，设计师可以充分动用各

图 3-69 《中国国家地理》杂志封面

图 3-70 《锋绘》杂志封面

图 3-71 《Vista 看天下》杂志封面

种设计语言来自由地体现其巧妙构思，在设计编排中完全地张扬个性，这也是综合考验一个平面设计师创意能力、表现能力高低的最佳途径。图3-74、图3-75展示了两种趣味化和另类的杂志封面设计。

图 3-72 《青年视觉》杂志

图 3-73 《computer arts》杂志

图 3-74 趣味化构图的杂志设计

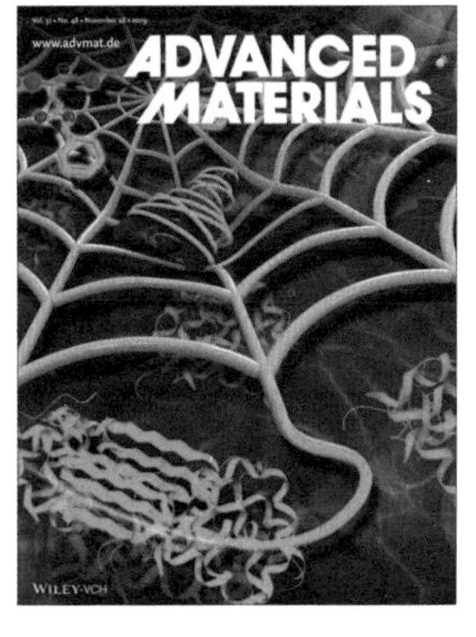

图 3-75 国外杂志

除各类杂志外，广告宣传画册和DM定投杂志在生活中发挥着定点促销作用。这些册子一般在展销会或商铺让消费者自取，或者路上分发赠送，以宣传商品，扩大企业的知名度。画册的设计应该从企业自身的性质、文化、理念、地域等方面出发，依据市场推广策略，处理好画面元素与文字信息的视觉关系，从而达到广而告之的目的。如图3-76、图3-77所示。

图3-76　折页宣传单

图3-77　企业宣传画册

3.报纸版式设计概述

报纸有变化最为丰富的版面环境，其节奏快、内容丰富。报纸是否具有吸引力，能否在短时间内抓住读者的眼球，很大程度上取决于版式设计的好坏。在报纸版式设计中，一定要强调突出报纸的个性风格特征，如新闻版的庄重、沉稳，娱乐版的活泼、生动、时尚等。这样会使读者在短时间内就能感受到报纸编排的创新之处，进而明白报纸的态度或观点。

人们在看报纸时，通常先大致浏览一遍报纸的整体版面，再将自己的视线聚集在有吸引力的某一处进行详细的阅读，然后再沿着一定的视觉流程将整版报纸读完。针对人们的这种阅读习惯，设计师可以在报纸编排中加大版面的视觉中心，让人们在较远的地方就能被吸引，使这张报纸在多张报纸中成为关注的焦点。如图3-78、图3-79展示的两种报纸的版式设计。

GLOBAL VIEWS

Challenges and opportunities

Careful balancing act

图3-78　中国日报英文版版式设计

PREGAME

BLOCKING OUT THE DISTRACTIONS

BUY WITH HUSKER POWER.

图3-79　国外报纸版式设计

由于报纸传达的信息量比较大，各篇文章之间应轮廓分明、简洁明了。在国外，有些报纸的框架安排甚至是固定不变的，仅仅将文字、图片的内容进行更换，这能强化报纸的风格，也符合读者的阅读习惯。当然，这样的版式设计缺陷也是明显的，容易单调乏味，失去一份报纸最应该具有的新鲜感，最终使读者失去阅读的兴趣。

二、案例赏析

1. 小说书籍版式设计

图3-80是英国学院派小说家戴维·洛奇的系列书籍设计，该小说集目前出版了5本，每一本都有自己独特的黑色幽默，让人笑中带泪，回味无穷。该设计采用了黑白的插画表现手法，试图表现轻松又不失尖锐的小说风格。

图3-80　小说书籍版式设计

2. 游戏式书籍版式设计

图3-81所展示的书籍设计是将电子游戏中的密室逃脱应用在纸质书籍上的尝试。该书籍设计还原了游戏中的锁、天书、钥匙、密码等多种解谜元素，创造出一种在纸面上玩解密游戏的阅读方式。书中故事的灵感来源于作者的一场梦境，故事以锁与钟为主题，用第一人称方式叙述。读者在阅读故事的同时，需寻找藏在书中的线索，用密码与钥匙开启最后的门，才能阅读到结局。为解开故事的谜团，读者需要根据故事中的暗示来找到这些线索，而这些线索被巧妙地安排在书中各处，读者找齐线索后才能打开封面的锁，解开隐藏的剧情。

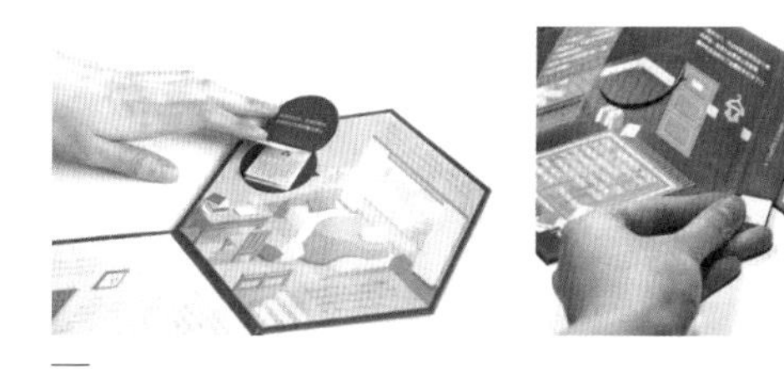

图3-81　游戏式书籍设计《C · LOCK》

3. 教材类书籍版式设计

《油画材料与技法基础》（图3-82）的版式设计将教材内容与书籍

图3-82　《油画材料与技法基础》的装帧设计

设计造型进行了完美结合。经典画作与主题的组合排版，传统又不失创意，油画材料（调色板）被创造性的应用到封套设计当中，当读者翻阅书籍的时候，仿佛在进行专业性的体验。书籍的色彩选择沉稳有力，可体现教材内容的专业度。

4. 传统书籍版式再设计

《长物志》（图3-83）是一本介绍文人赏玩之物的书，它传达的是晚明文人“雅”的观念。晚明文人为了追求极度的“雅”，没有使用当时被视为“俗”的插图。现今，插图在人们的观念中已经不再是一种“俗”了，好的插图不但能增加书籍的美感，也能帮助阅读，使阅读的过程更有趣味。《长物志》的再设计，增加了许多插图，将晚明文人的生活更生动地展现在人们面前，使读者与这本古老的书产生更强烈的共鸣。

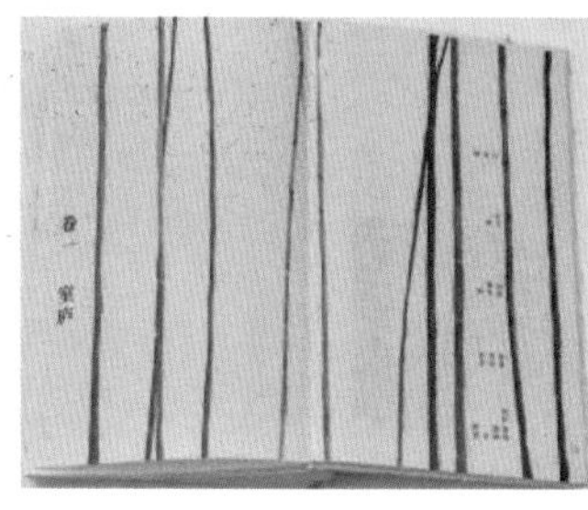
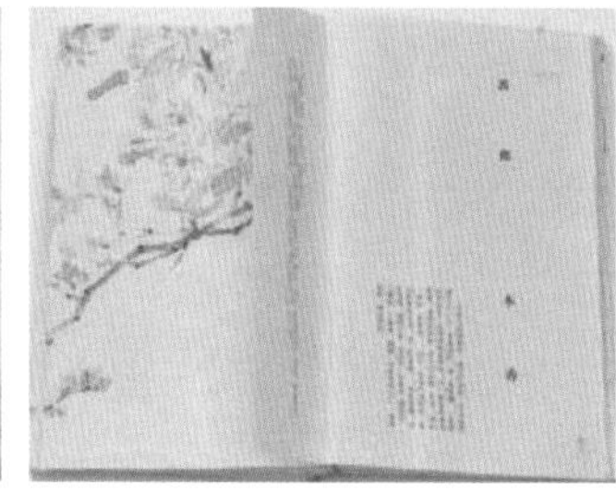

图3-83　虚澈《长物志》版式设计

书籍封面采用加入了细藤条的手工纸，仿佛江南园林中长着爬山虎的白墙，以简洁的形式，体现了超越时间与空间的生命力。裸背装与锁线订相结合，书脊处可见层叠的纸张，增强书的体量感，也体现出设计师的别出心裁与独到创意。内页的设计沿用古书“雅”致的基调，使用大面积的留白，简约干净的版面给读者惬意的阅读感受，素雅的插画设计让人有清新脱俗的视觉感受。

5. 杂志版式设计

《优享家》杂志（图3-84）的版式设计以拼贴的剪贴画形式展开，结合点线面、色块、重复、平衡、波普等元素的运用，为杂志一贯的平庸加入了另类的活力。

图3-84 《优享家》杂志内页拼贴排版

第五节　包装版式设计

16.手提袋包装设计

包装是为了保护商品还可以反映商品的质量与价值，包装设计是指对各类产品的盛装容器和包装外观所进行的设计。根据产品的种类，包装设计可分为日用品类、食品类、烟酒类、医药类、文体类、工艺品类、化学品类、五金家电类、纺织品类、儿童玩具类、土特产类等。根据用途不同，通常将包装设计分为工业包装设计和商业包装设计两种，不同的包装设计差别较大。在工业包装设计中，一般强调包装对产品的保护功能，其外包装大多造型简洁大方，不强调过多的装饰，尤其在色彩上大多采用单色印刷为主。而在商业包装设计中则完全相反，除了基本的保护功能之外，大多采用各种奇特夸张的包装造型、生动形象的图形纹样，以及新颖别致的版式设计来突出产品的特征和外观形象，从而提高产品的附加价值，吸引消费者的注意，提高其购买欲望，最终达到促销的目的。

一、包装版式设计概述

包装设计的流程包括调研、计划、设计等环节。调研是在了解委托商有关包装产品的情况下，调研市场需求，了解同类产品包装情况。计划是在调研基础上，明确设计理念，确定设计目标，提供设计构思方案，明确经费预算和设计进度，对包装材料、工艺和包装形象、色彩等做初步研究和探讨。设计包括四个部分：（1）图形，如插画设计、摄影图片或者抽象图案；（2）文字，包括广告语、说明文字等；（3）色彩，色彩搭配，色彩的注目性，色彩联想或象征等；（4）包装结构，如纸质包装结构展开为平面图，对展开图进行版式编排，需考虑各部分信息传达与整体的关系，最后制作立体效果图，通过立体效果图来检验效果，并反复改进，最终完成设计。具体过程如图3-85所示案例。

01 调研	02 计划	03 设计	04 呈现
① 甲方需求	① 设计理念	① 图形、文字	① 效果图
② 市场需求	② 设计目标	② 色彩、结构	
③ 同类产品	③ 构思方案	③ 版式编排	
	④ 设计进度	④ 整体调整	
	⑤ 经费预算		

图3-85
包装设计图形提炼及效果呈现

优秀的包装版式设计，主题鲜明突出，视觉冲击力强，能让消费者一眼就明白包装的产品是什么。包装版式设计时需要考虑如下因素。

1. 包装外形

商品包装的外形影响人的视觉感受和使用体验，包装外形应符合产品属性，如小的方形盒适合牛奶包装，圆形盒则适合礼品包装等。包装外形设计在保留主体风格时可不断变化。如可口可乐（图3-86）推出沿用至今的曲线瓶装，并植入更加细腻的理念，让其成为品牌灵魂的一部分，通过后期传播，不断加强人们对其外形的印象与品牌理念的理解。

图3-86
可口可乐经典的曲线包装外形

2.包装图文设计

包装图文设计指产品主形象、辅助形象、商标、文字等的设计。利用形式美法则和视觉流程，将它们设计成有冲击力的画面。插画一直是包装图文设计中的一个强大元素，虽已存在几十年，但仍然是一股潮流，通过插画能让用户更好地理解产品背后的故事。如图3-87所示。

在一个过度饱和的包装市场中，很难创造出引人注目的新包装形式，所以设计师回到原点，期望创造出能让产品在拥挤的零售货架上脱颖而出的包装图案。几何图形、花卉、单色图案成为一些产品包装的大胆选择。如图3-88所示。

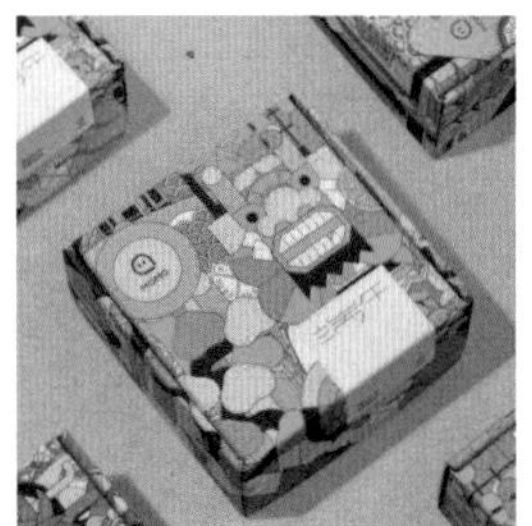

图3-87　包装版式设计中的插画元素

图3-88　包装图案的设计创新

3.包装色彩

色彩是美化和突出产品的重要因素，包装色彩应醒目，整体协调，符合产品属性。如红色、橙色、黄色等暖色调，给人温暖的感觉，适合用于食品类包装；蓝色给人现代感，适合于科技类产品的包装。色彩在包装中有不可替代的优势，使用好颜色可以创造出优秀的产品包装形式。如图3-89、图3-90所示。

图3-89
大胆使用色彩的包装设计

只使用一种或两种颜色似乎会限制设计师的发挥，但却可以促进观者的视觉识别，让产品具有极简主义的外观，塑造一种精致、优雅、赏心悦目的包装形象。如图3-91所示。

图3-90　使用单色和双色的包装设计

图3-91　使用高饱和度色彩的包装设计

4.包装材料

包装材料影响着包装的视觉感受，如玻璃材质适合做液体类产品的包装，给人时尚清爽的感觉，如图3-92所示；原木材质适合做农产品的包装，给人生态自然的感觉，如图3-93所示。

图3-92　玻璃包装设计

图3-93　原木材质包装设计

二、案例赏析

1.工业产品包装版式设计

工业产品的包装版式设计大多采用单一色调，造型简洁，不求过多装饰，字体要求清晰明了，大多用一些粗体字，以实现醒目的效果，如图3-94所示。在工业产品的包装箱上基本都印有一些特殊的、色彩强烈的标记或醒目的文字，如图3-95所示，以提醒搬运人员

图3-94　工业产品包装图

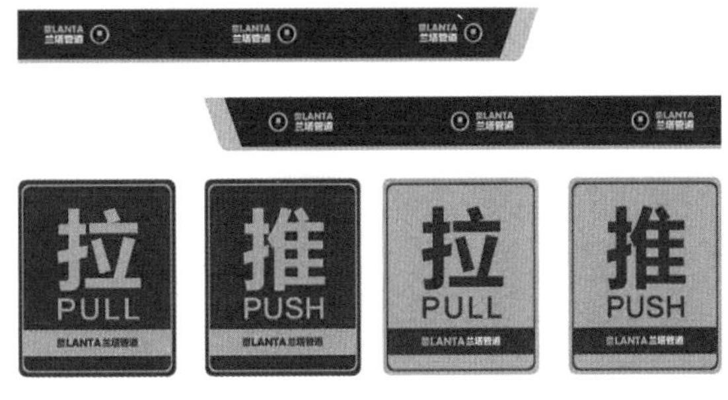

图3-95　工业包装箱上特殊标记的设计

要特别注意的事项，以免在运输过程中造成不必要的损坏，影响产品的销售或造成经济上的损失。

2. 商品包装版式设计

商品包装设计注重色彩的视觉冲击力。在具体设计时，各种色彩的运用可以激发起人们心理和情感上的不同感受，直接影响人们对一种产品的最初印象，从而产生喜欢或者厌恶的感觉。据心理学研究，在进行食品类包装设计的时候，要尽量采用一些橙色、橘红色以及黄色等色彩，如图3-96至图3-98所示。因为这类色彩容易刺激人们的食欲，促使其购买。有时化妆品的包装设计也会选用红、黄两色，如图3-99所示。而对于一些清洁卫生用品，人们更愿意购买那些外包装设计以蓝色、绿色为主色调的产品，这种冷色调能给人一种洁净、清爽的视觉感受。

食品包装在商品包装中占有较大比例。桃花姬阿胶糕是针对都市白领推出的保健零食品牌，“熬好的阿胶”是其诉求要点。其包装以白色为底，中间书写“桃花姬”三字，桃花散坠其间，有世外桃源的景致，让人想到陶渊明的《桃花源记》，两侧有文字作印章状，与中间红色相呼应，整体设计让人想到文人画的书画印章。该包装暗示了产品与大自然的联系，有一点仙气，已成为都市白领养颜滋补的首选佳品（图3-100）。

图3-96 食品类包装设计

图3-97 色拉油包装

图3-98 咖啡的外包装设计

图3-99 化妆品包装设计

图3-100 东阿阿胶——桃花姬阿胶糕产品包装版式设计

商品包装的版式通常会根据具体设计对象的不同而进行风格多样的设计。葡萄酒的包装最讲究格调。常用深色酒瓶与金色的瓶塞形成对比，再配以木质盒子，彰显高贵品位。更有口红瓶盖的设计，传达出红酒的浪漫与暧昧。一般而言，瓶贴上的内容大致包括酒厂名、酒庄名、葡萄品种、制造商、生产地、口味、酒精浓度及容量等。通过这些内容，我们对一瓶葡萄酒的大致情况就会有较为详细的了解，在对其进行版式设计时，这些元素要在瓶贴和外包装上体现出来（图3-101）。

图3-101　葡萄酒的包装设计

3. 农产品包装版式设计

在20世纪80年代，农产品只是被简单地包裹，谈不上包装。随着国家经济的快速发展，农产品的市场份额不断扩大，其绿色环保的属性使其成为市场的新宠，这对产品包装提出了新的要求。长白山蜂蜜（图3-102）的产品包装设计在用色和形式上创新，金黄色在右侧自然流淌，与下方的蜂蜜相呼应，让人垂涎于蜂蜜的美味。左侧用行书书写的“长白山”三字，与流淌感觉相得益彰。整个包装设计自然巧妙，富有个性，很好地表现了产品的特色。图3-103所展示的蜂蜜产品包装设计也很有创意。

图3-102　长白山蜂蜜产品包装设计

图3-103　蜂蜜产品包装设计

鸡肉食品包装设计采用仿生设计，以鸡为主体形象，将鸡身作功能区域，浑然一体。色彩为食物食品的主打色——红橙色，呼应鸡肉产品的美味，结合图形、字体设计，版式富有设计感和秩序感，给人强烈的购买欲（图3-104）。

需要指出的是，当前有商品过度包装现象，造成了资源的浪费。由于现在市场竞争激烈，商家除了利用价格因素竞争以外，还不断地更换新的包装，很多的产品竞争最终演变

图3-104
鸡肉食品包装版式设计

成一场包装大战，而丧失了包装本应具有的目的。作为一名有社会责任感的设计师，除了做好本职工作之外，还应对其设计产品带来的社会后果担负起一定的责任，在保证不铺张浪费的基础上，循环利用包装材料，推动包装行业向美观、实用、健康、可持续的方向发展。

实训与汇报

1. 临摹与归纳。选择风格简约，具有品质感的一款旅游App，临摹并分析该作品。要求：运用PS/CDR/AI任意软件表现，将你的总结写在设计作品旁边。

2. 网页设计。对本校或本学院的网站主页进行再设计，包括标志、导航、新闻、通知、联系方式等板块，亦可自行拟题设计。要求：设计只做版式处理，不需要实现链接等功能；构图恰当、图文分割合理、信息明确、色调统一、小图标配合得当、有一定的视觉流程；运用PS/CDR/AI任意软件表现。

3. 包装设计。对某果醋品牌进行包装版式设计，品牌自拟，不设计包装结构图，仅表现包装的主形象面，图形可用插画、摄影，文字信息包括品牌名、宣传语、文案等，色彩应引人注目，并尽量有与品牌相适的联想或象征意义，版式设计对比统一。要求：尺寸自定，运用PS/CDR/AI任意软件表现。

第四章 大师排版时在想什么

版式设计应用于各个设计领域，每个领域都有大师级的人物存在。大师之所以成为大师，是因为大师深谙设计的真谛，能够寻找到自己独特的设计语言。我们经常在看到大师的作品时感叹，这是什么样的大脑？向大师学习是设计师提升创意思维的重要途径，正所谓“取法乎上，得乎其中”。本章我们将分享几位国内外设计大师的设计理念，看看大师是怎样做设计的。

第一节　国内大师的设计思维

中国的现代设计起步较晚，但随着改革开放的发展，文化的交流和经济水平的提高，促进了中国设计的发展。中国的设计师们担负着振兴民族设计的使命，他们游走于传统文化与现代设计之间，创作了大量特色鲜明的作品，用设计向世界传递着中国的文化。

一、靳埭强：中西融合的设计理念

靳埭强，国际平面设计大师、靳埭强设计奖创办人。

靳埭强认为设计师肩负文化的使命，所以他非常注重把中国传统文化的精髓融入到自己的设计作品中去。在勒埭强的平面设计作品中，我们经常会看到传统的民俗元素，如道具、图案、服饰、民间艺术作品等，也可以看到文人画的水墨元素以及留白。他巧妙地将这些元素与创作主题进行融合，迅速拉近了与观众的距离，极具亲和力。

靳埭强的海报作品《九九归一·澳门回归》(图4-1)，这幅作品采用对称式构图，画面大面积留白，清新干净，主题突出。构图中将代表澳门的莲花花瓣倾斜置于画面中心，用强烈动感的旋涡状水墨线条将观者视线引到花瓣上，加强了画面动感，打破了对称式构图的单调，又不失稳重。在色彩上，无彩色的水墨与粉红色花瓣形成鲜明对比，彰显了画面主体。竖排的文字，缩小成了点状，既起到平衡画面，又起到活跃画面的作用，字的红色与花瓣色彩呼应，形成节奏。

《儿童是世界的旋律》(图4-2)是靳埭强2001年的作品，该作品同样是采用图像与水

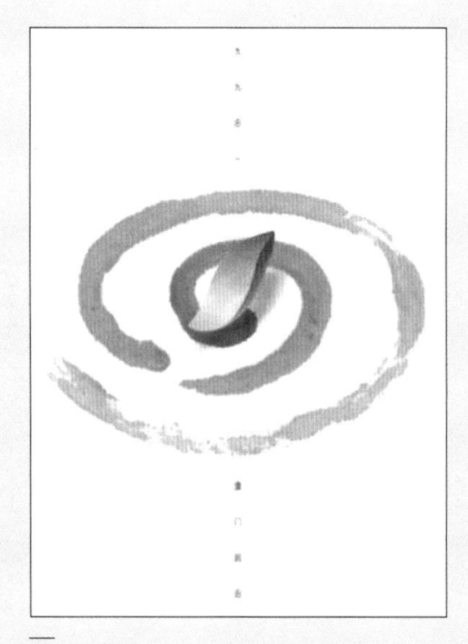

图4-1　靳埭强《九九归一·澳门回归》

图4-2　靳埭强《儿童是世界的旋律》

墨结合的方法。运用的是倾斜式构图，体现儿童的天真与活泼。流动的水墨线条与传统的儿童玩具组成写意飞舞的蝴蝶，玩具的眼神与倾斜的构图在方向上相映成趣，增加了些许平衡，右下方的文字以跳动的曲线排列，又有大小疏密高低的变化，增加了画面的趣味性。图 4-3 为靳埭强的作品《岁寒三友》也是其优秀的作品之一。

图 4-3　靳埭强《岁寒三友》

二、陈幼坚：东情西韵

陈幼坚，国际著名的平面设计大师。他通过现代的设计手法展现中国传统文化之美。

陈幼坚很注重创造性思维，他认为设计的思维模式和创作方法才是最应该被重视的。

陈幼坚认为要创作出具有时代感、有中国内涵的设计作品，首要的是要深刻领悟中国传统文化的精神要义，熟悉西方的现代设计思维，然后在认真做好市场调研的基础上，寻找到契合点，做深度融合。

2000 年，陈幼坚为罗西尼手表设计了别具一格的商业海报（图 4-4），令人耳目一新。

图 4-4　陈幼坚 罗西尼手表海报

在海报的版式上，陈幼坚选取了十二点的画面，形成一个对称式构图，钟表的简洁与背景的粗糙肌理，钟表的黑与白，都形成强烈对比，在灰色背景衬托下凸显主体。在指针和投影的延长线上，分别设计了具有中国特色的红色小方印和西方的小小的阿拉伯数字12，它们与表的投影形成均衡，构成的三角形与整体的圆形成对比，活跃了气氛，增加了秩序感。

陈幼坚还做了大量的茶叶包装设计。2008年起，陈幼坚为四川竹叶青茶及旗下高端品牌“论道”做了一系列品牌设计。竹叶青品牌标识的灵感，来源于泡茶时，茶叶垂直悬浮在水中的状态，意境平和悠闲，颇有禅意。“论道”作为竹叶青的高端茶品牌，设计色彩以黑金为主，包装形式上采用仿古风格，自然的原木盒，卷轴状的玻璃棒缀饰，整段的“道德经”文字，都透射出“论道”的品牌内涵，品牌标识也相应地采用文字标识。其整体包装风格统一，自内而外散发着浓浓的传统文化气息（图4-5）。

图4-5 陈幼坚 竹叶青·论道茶叶包装设计

三、吕敬人：把书当作建筑来看待

吕敬人，中国书籍设计界的领军人物，他提出“书筑”的理念，把书当成建筑来看待，改变了国内固化的书籍装帧的模式。他认为，书籍设计不应只是停留在绘画式的、形式与内容割裂式的封面设计，而是自内而外的内在组织体有条理的视觉再现，是一项系统的工程。

《朱熹大书千字文》是吕敬人1999年的书籍设计作品（图4-6、图4-7），全书分上、

图4-6 吕敬人《朱熹大书千字文》封面设计

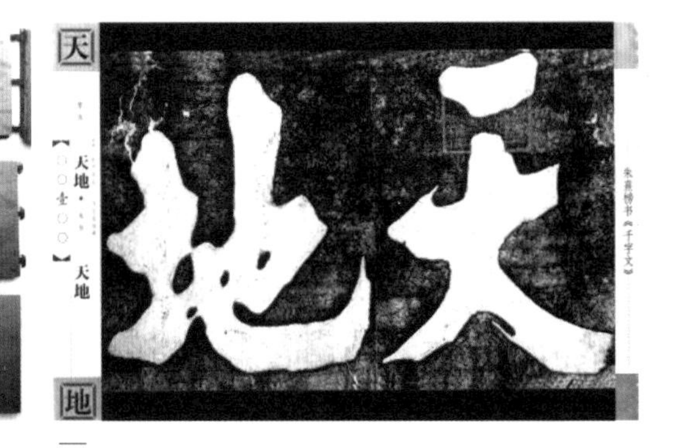

图4-7 吕敬人《朱熹大书千字文》内页设计

中、下三册。吕敬人采用仿夹版装的形态，用桐木板做全函，并模仿宋代印版雕刻的工艺，将一千个字反刻在上面，书板用皮带串连，让人联想到古代的竹简。三册书的封面分别用了不同的颜色，并从“千”“字”“文”三个字中各取一笔，遒劲有力，使封面充满了书写的动感，既诠释了书的内容，又使系列化的设计浑然一体，厚重古拙。内文版式也延续传统样式，主体的字饱满粗放，顶天立地的构图使字体更富有张力，两边的空间被分割成不等量的区域，文字也被设计成不同大小、不同间隔，加上黑白灰色块的冷静处理，使版面构图既扩张，又内敛，在黑白灰的韵律中取得和谐。全书从全函到封面，再到内文的设计，以及材料工艺的设计，无不体现出吕敬人“书筑”的理念，达到了外在信息造型与内在精神气质、形式与内容的高度统一。

《黑与白》是一本关于澳洲人寻根的小说，书中反映了白人与土著人之间的矛盾。为了体现这种对立与交织，吕敬人使用了无彩色的黑和白。封面、封底是一片大面积的黑色，左侧一个巨大的白色三角形似乎是破门而入，给人一种强烈的对立感，并且黑白穿插，互为图底，交织在一起，飘忽的书名又加强了这种感觉。在书脊和切口处也同样体现了这种黑白的对立与交织。在内页中，用了大量的黑色三角形和尖锐的齿状图案来象征冲突的文本内容。另外，书中封面和内页中还设计袋鼠的图案，袋鼠符号既交代了故事的背景发生在澳洲，又使版面有了一点活泼的气氛（图4-8、图4-9）。

图4-8　吕敬人《黑与白》版式设计

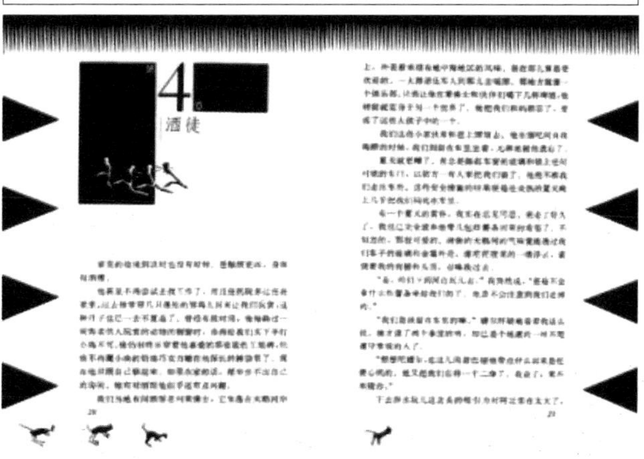

图4-9　吕敬人《黑与白》内页设计

第二节　国外大师的设计思维

20世纪欧洲现代主义艺术引起设计界的巨大震动，产生了俄国构成主义、荷兰风格派，以及瑞士平面设计风格，对现代平面设计产生了深远的影响。二战后，随着经济的复苏而振兴的设计领域，呈现出多元化并存的局面。美国设计积极吸收欧洲的先进思想，结合自身的商业主义特点，形成了独特的设计哲学，也诞生了一批特色鲜明的平面设计大师，如索尔 · 巴斯（Saul Bass）、赫伯 · 鲁巴林（Herb Lubalin）、乔治 · 路易斯（George Lois）、“图钉设计”、薛 · 博兰（Paula Scher）、奇普 · 基德（Chip Kidd）等。

在东方的日本，随着战后经济的复苏，设计得到了空前发展，他们广泛吸取西方设计理念，并结合日本本土文化，形成了自己独特的设计风格，培养出许多优秀的设计师，其中不乏世界大师，如被誉为世界三大平面设计师之一的福田繁雄、无印良品创始人田中一光、国际平面设计大师原研哉、被誉为“日本设计人”的杉浦康平，等等。

限于篇幅，我们仅选取几位有代表性的大师，与大家分享一下的他们的设计思维。

一、原研哉：无，亦所有

原研哉，日本设计师，其设计涉及多个领域，是具有国际影响力的平面设计大师。

原研哉自2001年起担任日本无印良品的艺术总监，2003年推出了“地平线”系列海报（图4-10），完美地诠释了无印良品简约、自然的产品理念。海报遵循了无印良品一贯的极简风格，画面中并没有任何商品，而是一条无限延展、连接天地的地平线，画面宏大、静谧、肃穆，令人遐想。原研哉在《设计中的设计》写道：“为什么需要这样一条地平线呢？这是因为我们想让人们看到一个能够体现普遍自然真理的景象。当人立于地平线之上，会显得非常渺小。这幅画面虽然单纯，却能深刻地表现出人与地球的关系。”

原研哉在这件作品中体现出了他“空”的理念，如同中国道家的“无”，恰恰是无用的空的部分，成就了有用的功能。原研哉的地平线系列正是利用这一哲理，恰如其分地体

图4-10　无印良品宣传海报“地平线”系列之三、之四

现了无印良品的产品哲学。地平线宽广无垠，容天纳地，包罗万象，但作为广告图像它不代表任何商品概念，它只是提供一个无限的空间，引发人们去思考，空的容器便实现了有用的价值。这也是原研哉的“无，亦所有”的设计力量所在。

图 4-11 为原研哉为梅田医院做的视觉指示系统。

图 4-11　原研哉 梅田医院的视觉指示系统

二、杉浦康平：悠游于秩序与混沌之间

日本设计师杉浦康平是日本设计界的核心人物之一，是现代书籍设计的创始人，享有很高的国际声誉。

杉浦康平革命性地将东西方的排版做了深度融合，他将瑞士的网格系统应用到了日文独特的竖式排版中，在西方规范化的框架中融入了东方“运动的”美学精神，使自己“悠游于秩序与混沌之间”。

杉浦康平最具代表性的作品当数《银花》杂志（图 4-12），这是介绍日本及亚洲民俗

图 4-12
杉浦康平《银花》系列杂志

文化的季刊杂志。《银花》自20世纪70年代初创刊起即由杉浦康平担任设计。他认为封面是杂志的面孔，其能够体现杂志的内在气质，是“运动”的、“嬗变”的，应该有鲜明的个性。所以他把《银花》按年、结合季节进行改变，比方说版式的编排、图片的样式及大小等，但骨子里却有一种不变的，属于杂志本身的鲜明个性。

我们纵观季刊《银花》系列的封面，期期不同，但我们还是可以在琳琅满目的书丛中一眼辨认出它的身影，它的强大的基因没有变。如杂志名称和刊号的颜色、位置、方向都不是固定的，但字体却是恒定不变的，永远在视觉上占有主导地位。图像与文字交织在一起，大大小小的文字围绕着图片，密密麻麻，一片“混沌”，然而“混沌”之中却蕴藏“秩序”，一些关键字被强烈地放大，既有利于传达杂志内容，又起到了活跃版面的作用，加强了节奏和韵律感。

三、薛·博兰：把字体当图像处理

薛·博兰（Paula Scher），美国平面设计师，20世纪世界最有影响力的平面设计师之一，她创造性的设计推动了美国平面设计的发展。

薛·博兰认为，字体的排版设计其实就是用字体在画画。字体的表现力是巨大的，不同的字体有着不同的个性，人们在阅读文字内容之前，字体就已经将情感传达出来了。所以当字体与某种意义结合，就有了不可思议的表现力。

薛·博兰1994年开始为在纽约的大众剧场做平面设计。她从字母笔画的不同宽度变化受到启发，将字母当成图像来处理，设计了大众剧场的标志。紧接着，她又为大众剧场设计了一系列海报。图4-13、图4-14是薛·博兰1995年设计的“Bring da Noise,Bring da Funk”赛事海报，她利用无衬线字体、剪影照片和明亮色彩对比，将动感的人物用剪影

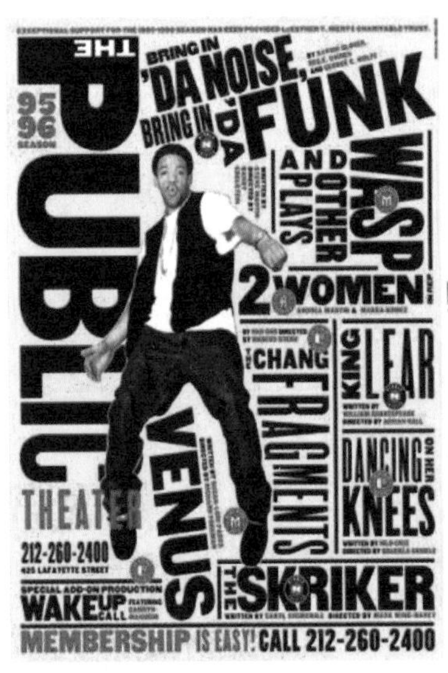

图4-13　薛·博兰 大众剧院赛事海报一

图4-14　薛·博兰 大众剧院赛事海报二

的形式摆放在海报中，周围加上动感排列的文字，使海报充满了活力。当时海报贴满了大街小巷，引起轰动，引来许多设计师争相模仿。当薛·博兰发现她的设计成为流行风，她马上做出了改变，为大众剧院做的每一期设计都不同。

薛·博兰不仅仅在平面空间做字体设计，还大胆地将字体设计做到了建筑空间设计中。2000年起她开始将字体设计与建筑相结合，将字体的排版扩展到了室内外的空间，给人们带来新的视觉盛宴，让人赞叹不已（图4-15、图4-16）。

薛·博兰认为："文字有意义，排版有规则。当你把它们排在一起的时候，这是一个壮观的组合。"

图4-15 大众剧院内部

图4-16 新泽西纽瓦克的艺术学校

四、奇普·基德：瞬间打动人心的设计

奇普·基德（Chip Kidd）美国设计师，专注于书籍封面设计并闻名于世，他善于用简洁恰当的视觉语言将书中的故事呈现出来。

奇普·基德自1986年开始为出版社做封面设计工作，已经完成了超过1500个书籍封面设计，形成了自己独特的"瞬间打动人心的设计"的方法。

他的封面设计简约、严谨，他认为封面是书的精华，是作者与读者之间的视觉沟通，要通过第一印象"瞬间打动"读者。每本书都有自己的个性，视觉设计者只是中间的沟通者，正因为如此，他没有将自己的设计固化为所谓的个人风格，"没有风格就对了"，如此才更加自由，不受拘束，更好地传达书的主旨。

《侏罗纪公园》是奇普·基德早期成名的书籍装帧作品，他选用了霸王龙骨架的剪影图案来表现人们复活远古恐龙的内容，而这个图像了随着侏罗纪公园电影为世界所知，也成为该系列电影的标志（图4-17）。

图4-17　奇普·基德《侏罗纪公园》封面

图4-18　奇普·基德《 干燥》

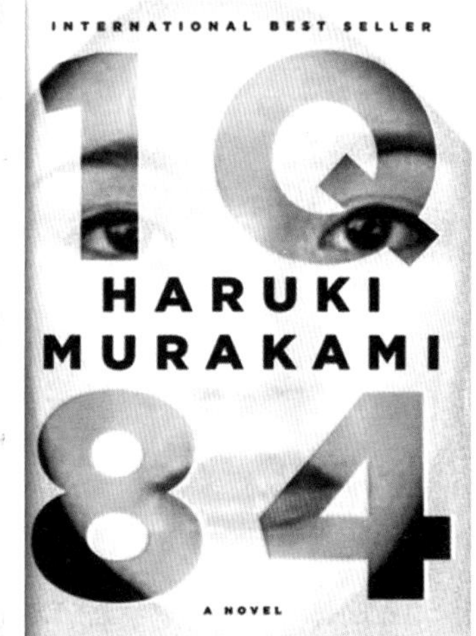

图4-19　奇普·基德《1Q84》

《干燥》是一本回忆录，关于作者戒酒的故事。但奇普·基德发现书中的内容与现实并不相符，他决定用文字的形式来设计封面，并故意将文字做成流淌的、不真实的样子（图4-18）。

《1Q84》是日本作家村上春树的长篇小说，讲述的是男女主人公在未来Q世界相遇的故事。奇普·基德在半透明的纸上镂空字体，然后覆在图片上，构成了不同的平行层，暗示书中神秘的平行世界（图4-19）。

领略了大师们的设计理念，我们可以看出，每一位大师都热爱自己的设计事业，将自己的全部心血都投入到设计中去，他们热爱生活，思考生活，将自己对生活的理解融入到设计中去，对他们而言，设计就是生活，生活也是设计。日本的设计师们热爱着东方文化，他们将东方文化与西方理念进行完美的融合，是非常值得我们学习和借鉴的。我们有着深厚的传统文化，然而我们却正在失去宝贵的传统文化。现在一些年轻人觉得西方什么都好，一味地盲目追求，忽略了传统文化的智慧。靳埭强说："中国文化有数之不尽的精粹，我们应该好好地学习；但也有一些不好的，甚至是糟粕，我们应该反思分析。社会在不断地演变，远古年代的文化思想适用于当时，但不一定配合今日的价值观念，每个时代都衍生新的文化与思潮。"我们应该学习大师们的理念，将传统与现代融合，传统不是一成不变，传统本身就是传承和与时俱进的产物，这样的传统才有生命力。

做一名设计师，任重而道远。

思考题

比较靳埭强先生和陈幼坚先生的设计理念，谈一谈他们有什么共同点？

第五章
实战锦囊

经过一段时间的学习，相信大家已经掌握了版式设计的要领，是时候一展身手了。但在成就高手的路上还会有很多坎坷，需要我们不懈地坚持、不停地探索，不断地向前辈学习，才能逐渐使自己完善起来。

第一节 版式设计常见问题

在实际的设计工作中，因为设计方向不同、设计要求不同，我们会面临各种各样的问题和困扰，比如说，有的设计师将海报版面做得很炫酷，实际效果却适得其反；有的设计师在面对一堆素材时一筹莫展，还有的设计师做出的版面让人无从着眼；等等。为了让大家能够少走一些弯路，我们就一起来看看初学者在版式设计过程中会遇到哪些问题，遇到问题时，我们应该怎么办。

一、整体布局易出现的问题

一个好的版面应该将信息轻松地传递给读者，设计者应该站在读者的角度来考虑整体布局，使阅读成为一个赏心悦目的过程。新手在面对版式设计任务时，易犯的错误有以下几种。

1. 忽视读者的阅读习惯

当我们编辑的版面以文字为主时，利用网格将内容分成栏和块，如果在排版上忽视人们的阅读习惯，布局时各个模块在内容上的关联度不高，或者需要通过上下文意来寻找关联时，就会打断阅读，造成阅读过程不顺畅，从而影响读者的心理，并带来困惑。所以，在整体布局的时候，要考虑到人们的阅读习惯，从左向右，自上而下地排列板块，不能随心所欲，只考虑形式，忽略实效。另外，如果文本中有配图时，也不能随意隔断文本，而应该通篇考虑，在保障顺畅阅读的情况下，合理安排图片的位置。如图5-1，是我们正常的阅读习惯，如果改变种形式，人们都会不适应，如图5-2。

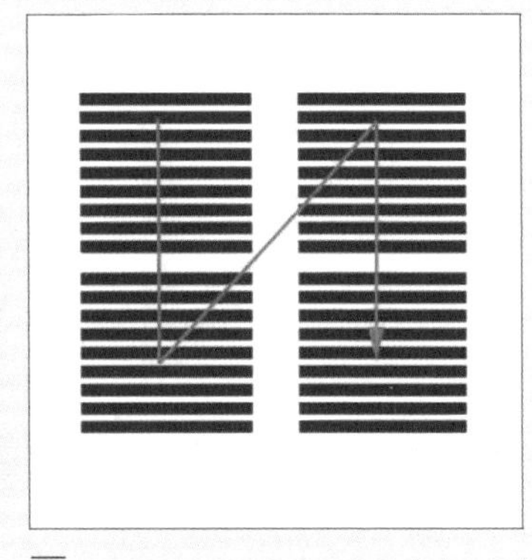

图5-1 符合阅读习惯的排版

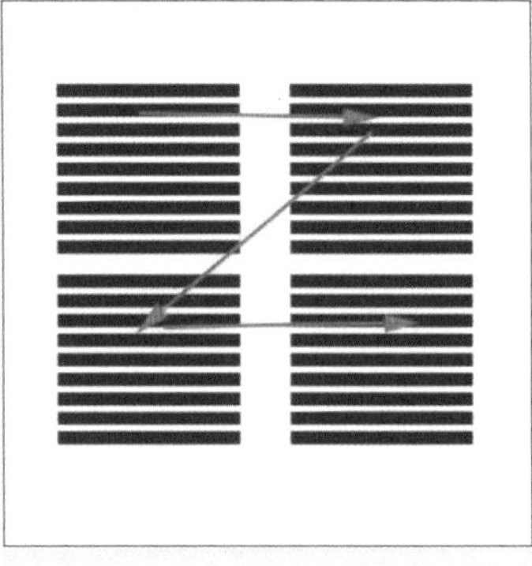

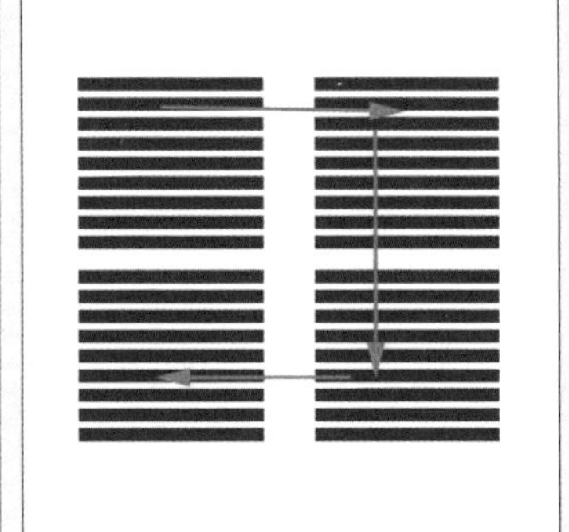

图5-2 不符合阅读习惯的排版

2. 主次不分

若几个内容平铺排列，均等处理，就不能在第一时间引起大家的注意，甚至读者不知道从哪里开始阅读，最终读者可能会放弃。如果将主要内容突出显示，就会让读者迅速找到重点，从而决定是否继续读下去。如图5-3，三条文字信息，主次差别不是很大，传递出来的信息不能吸引观者视线，信息传达的效果较差，图5-4把优惠内容作为主要信息强调，成为版面的重点。无论是内容传达，还是形式美感，后一版面均强于前一版面。

图5-3　内容主次不分的排版

图5-4　内容有主次的排版

3. 对齐方式混乱

版面的文字或图形对齐方式混乱，如同没有整理好的房间，会让人视觉上不舒服。将文字或图文做对齐处理，会使版面显得整洁有序，阅读者也容易集中精力。

二、图文混排易出现的问题

图文混排是版式设计中常用的方式，在排版过程中同样要注意主次关系和层次关系，这时候如果处理不当，容易出现图文相争的情况。

1. 图文主次不分

如果是以图片为主的版面，则文字不能与图片抢镜。如果是以文字为主的版面，则图片就要让位给文字，且排版时插图不能影响阅读的连贯性，比方说不要在一段文字内部插入配图，造成断句。如图5-5和图5-6的对比。

九寨沟国家级自然保护区位于四川省阿坝藏族羌族自治州九寨沟县境内，是中国第一个以保护自然风景为主要目的的自然保护区，也是

中国著名风景名胜区和全国风景旅游区示范点，被誉为“世界最佳生态旅游目的地之一”。

这里原始的生态环境、一尘不染的清新空气和雪山、森林、湖泊组合成幽美的自然风光，成为全国唯一拥有“世界自然遗产”和“世界生物圈保护区”两项桂冠的圣地。

图5-5　图文主次不分的排版

九寨沟国家级自然保护区位于四川省阿坝藏族羌族自治州九寨沟县境内，是中国第一个以保护自然风景为主要目的的自然保护区，也是中国著名风景名胜区和全国文明风景旅游区示范点，被誉为“世界最佳生态旅游目的地之一”。

这里原始的生态环境、一尘不染的清新空气和雪山、森林、湖泊组合成幽美的自然风光，成为全国唯一拥有“世界自然遗产”和“世界生物圈保护区”两项桂冠的圣地。

图5-6　以图为主的排版

2. 多图的页面从属关系不清

当页面中有多个平行的图文时，要注意将它们从视觉上分组，让读者能够清楚辨别图文的归属关系。如图5-7与图5-8的对比。

图5-7 图文从属不清的排版

图5-8 图文从属较好的排版

3. 图文的对齐关系不统一

比如在电商网页中，相同的商品图片和文字间要采用同样的对齐规则，不论是左对齐、右对齐或居中对齐，不能说为了活泼，不对齐，或采用不同的对齐方式，这样会影响观者的阅读体验。如图5-9与图5-10的对比。

潍坊肉火烧 ¥4.5

潍坊朝天锅 ¥15

图5-9 对齐关系不统一的排版

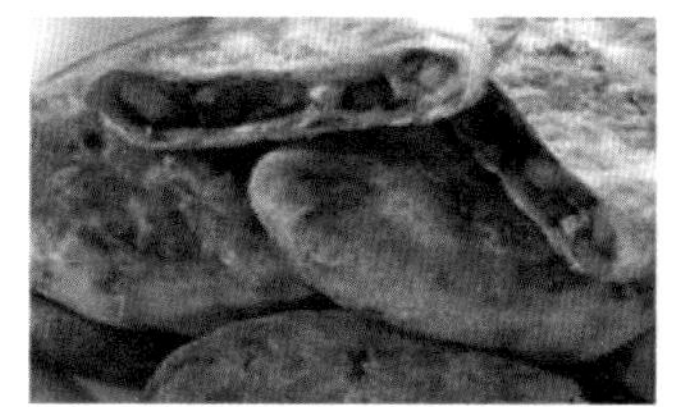

图 5-10　对齐关系统一的排版

4. 文字破坏图片

当文字需要在图片上出现时，请注意不要对图片重点展示部位造成破坏，这将影响信息的传达。如图 5-11 与图 5-12 的对比。

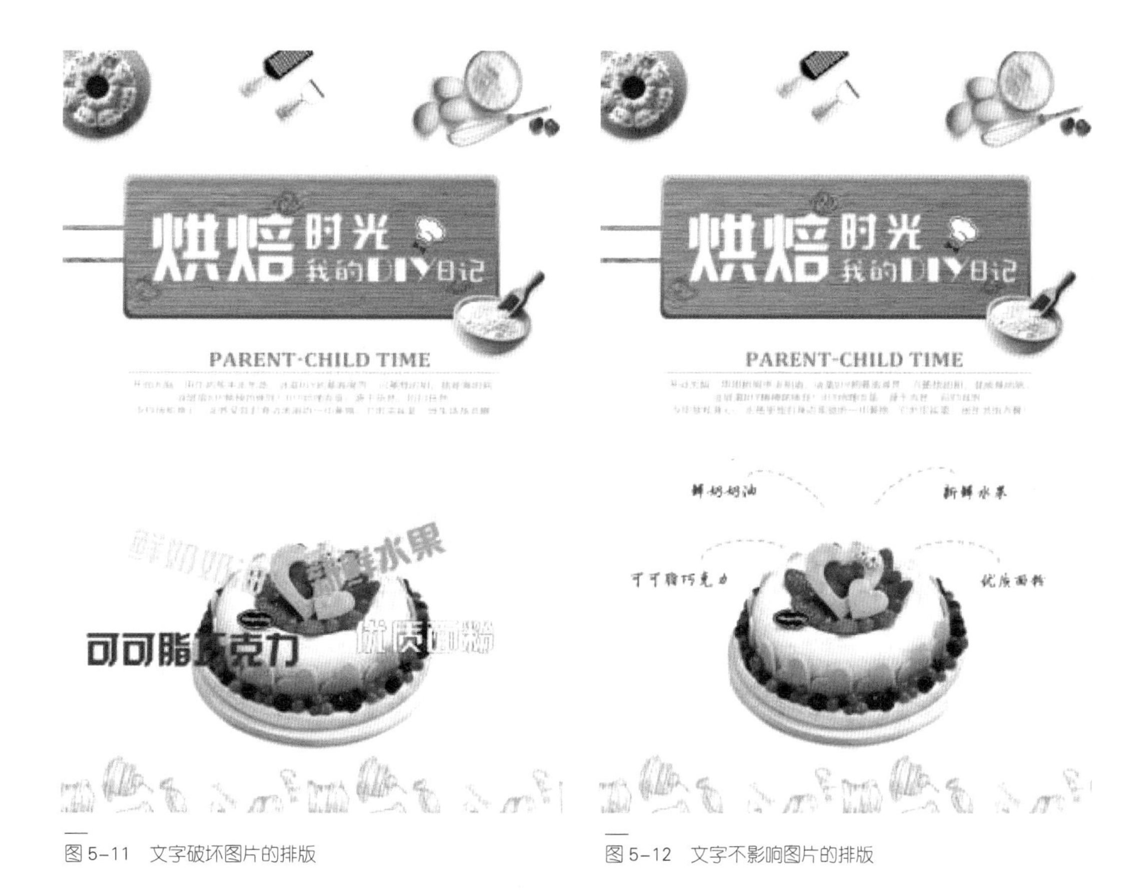

图 5-11　文字破坏图片的排版

图 5-12　文字不影响图片的排版

5. 底图影响文字阅读

用图片做背景时，处理不当，会影响正文的识别，干扰阅读。这时候要注意适当地调整底图，确保文字的识别度。如图 5-13 与图 5-14 的对比。

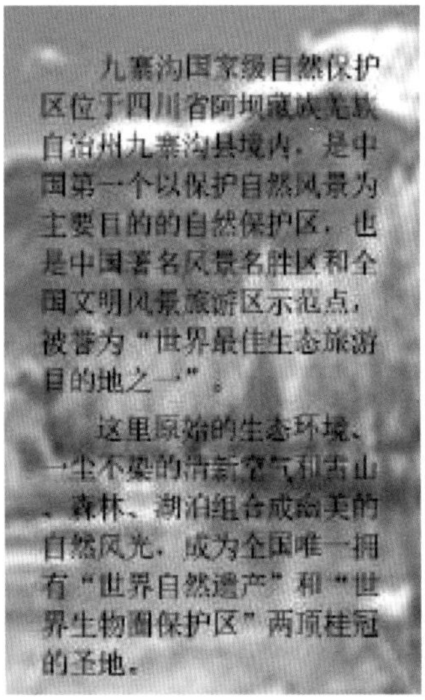

九寨沟国家级自然保护区位于四川省阿坝藏族羌族自治州九寨沟县境内，是中国第一个以保护自然风景为主要目的的自然保护区，也是中国著名风景名胜区和全国文明风景旅游区示范点，被誉为“世界最佳生态旅游目的地之一”。

这里原始的生态环境、一尘不染的清新空气和雪山、森林、湖泊组合成幽美的自然风光，成为全国唯一拥有“世界自然遗产”和“世界生物圈保护区”两项桂冠的圣地。

图 5-13　影响文字识别的底图

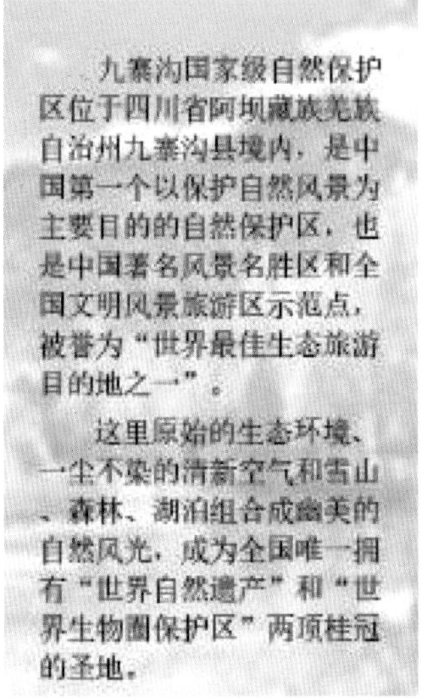

九寨沟国家级自然保护区位于四川省阿坝藏族羌族自治州九寨沟县境内，是中国第一个以保护自然风景为主要目的的自然保护区，也是中国著名风景名胜区和全国文明风景旅游区示范点，被誉为“世界最佳生态旅游目的地之一”。

这里原始的生态环境、一尘不染的清新空气和雪山、森林、湖泊组合成幽美的自然风光，成为全国唯一拥有“世界自然遗产”和“世界生物圈保护区”两项桂冠的圣地。

图 5-14　对文字干扰较小的底图

三、字体方面易出现的问题

初学者有时为了追求新奇，在同一版式中运用多种字体，字体之间如果配置不当，容易造成冲突，使信息层级混乱。同时，不同字体有不同的性格，设计者要把握版面要传达的情感，细心感受字体的风格，根据不同的情感，选取恰当的字体。

四、色彩方面易出现的问题

有的初学者把握不住版面色彩的调性，用色花哨，使视觉上感到凌乱。初学者设计时可以确定一个主色，比如某一种颜色占70%左右，然后再设计辅色和点缀色，使色彩在统一中有变化。当然你拥有足够的经验时，就不用局限于主色与配色的比例，使用对比色会有更加强烈的效果。

五、其他问题

无意义的空白。空白是版式设计中经常用的方法，空白的目的是突出重点，或是传达某种意境。但有的初学者生搬硬套，无意义地使用空白，这样不但造成版面的浪费，还混淆了视觉。

滥用效果。有些刚出道的设计者经验不足，审美能力低，在制作版面的时候，将字体或图片增加了一些不必要的效果，不但起不到美化作用，反而觉得华而不实，甚至喧宾夺主。建议大家在设计的时候要慎用效果，必须使用的时候要服从整体，全盘考虑。

随着信息时代的发展，版式设计的应用领域越来越广泛，人们的视觉审美需求越来越高，一成不变的设计风格不能适应社会的发展，新情况、新问题会层出不穷，这要求我们设计师要不断地学习，加强自身的职业修养，有创新的勇气，也有要解决问题的能力，以创作出更多令人满意的设计作品。

第二节　设计接单那些事儿

作为未来的设计师，都将走向社会，不管你是入职设计公司，或是创业成立自己的工作室，都面临接单这个问题。在学校里，我们的任务是老师布置的，这可以看成是接单的一种形式。但在实际工作中，接单要面临的情况远比在学校里复杂，因为我们面临的要么是公司主管，要么是未知的客户，不是熟悉的老师。大公司有专职的谈单人员，他们会帮设计师做好一切，因此我们就给大家聊一聊个人接单那些事儿。

接单，简单地说，就是接受订单，需要设计师坐下来跟客户谈谈要干的活儿。这已经不单是设计本身的事情，它包含着多方面的内容，如怎样沟通、怎样取得客户信任、怎样报价、怎样签订合同等。接下来我们就从这几个方面来了解一下。

一、接单前的预备工作

设计师接单不是一件一蹴而就的易事，需要我们做很多的预备工作，比如订单从哪儿来，需要做哪些功课，等等。我们先来说说怎样拓展接单途径。我想设计师可以从以下三个途径拓展接单的机会。

第一种途径，拓展人脉资源。一提到人脉资源，我们会想到亲戚、朋友等我们熟悉的或是认识的人，这其中非常重要的其实是能够接触到业务的人。比方说某平面设计师，在圈内业务非常多，他可能会把做不完的活儿外包，也有时是他要好的客户的订单在他的业务范围之外，如果他觉得你可以，就有可能会把业务外包介绍给你。再比如说一位做电商的设计师，某天客户找他做画册，他并不擅长，但他又要维护好与客户的关系，另外呢，他又想顺便帮朋友拉点业务，如果你画册做得还不错，那他就可能找到你，你就得到了机会。

第二种途径，我们可以加入到各种设计群，或者协会、联盟。进入圈子，可以获得更多的资讯，也就有更多的机会拿到订单。

第三种途径，我们要多参加比赛、多发布作品。每年都会有很多设计方面的比赛，我们可以瞄准一些有影响力的比赛，获奖就是对自己最好的宣传。加入一些知名度较高的网络平台，除了与设计师进行交流学习之外，还可以发布自己的作品，让更多的人知道你。

作为一名设计师，一定要出好作品。俗语说，打铁还需自身硬。出好作品，是设计师能被客户接纳的基础。

除此之外，设计师要有良好的沟通能力。接单时，设计师要与客户进行沟通，这个时候考验的不是你的设计能力，而是你的理解与表达能力。很多客户不懂设计，不懂得用专业的词汇跟你交流，他也可能听不懂你的专业词汇，所以我们要站在客户的立场去考虑问题，“知己知彼，百战不殆”，才能使沟通顺畅。前段时间有一篇很火的文章《当甲方说“字要大”时，到底是在说什么？》，我觉得作者是个聪明的设计师，当不懂专业的主管跟他说“字要大”“标识要大”“用大红色”等要求时，设计师就设身处地地站在主管的一方，认认真真地思考了一番，终于破解了主管的意思，所谓“字要大”“标识要大”，就是要显眼，设计师不但没有放大，反而缩小了，结果却过稿了，为什么？因为他增加了对比。而对于大红色，设计师把它翻译成暖色，也顺利过关。可见，沟通是建立在互相理解的基础之上的，这位设计师的经验值得我们去借鉴。

二、如何报价

在谈单的过程中，可能双方最关键的环节就是报价了。如何报价是门学问，通常情况下，报价低了，自己不甘心，报价高了，客户不买账。每个人的报价方式可能不一样，这里简单地跟大家分享一点基础的报价方法。设计师应该理性地对待报价，要立足于长远，不能只图一时。设计师在没有报价经验时，可以先考虑两个问题：月工资收入、做这个订单需要的时间。设计行业基本上就是按小时报价，这样对自己对客户都是比较容易接受的。但要注意，一定要充分考虑各个环节所耗费的时间，包括素材搜集和调整的时间，并在最后空出一点时间，不能把自己搞得很仓促。其次，要做好调研，想办法了解设计公司、个体设计师是如何报价，也可以去网站、设计师店铺转转，考察一下报价，结合本地的行情，做一个对比参考，做到心中有数，遇事不慌。另外，我们还应该考虑改稿的问题，比如说改一次或两次免费，之后就要收改稿费用等。当然还有其他的报价方式，如按项目报价、区别不同档次的客户等，这需要我们留心向专业公司和前辈学习。

三、签订合同

订单的事情谈妥后就是要签订合同了。千万不能因为是熟人就不好意思，要将业务和人情加以区分。需要说明的事项一定要在合同里写清楚，不能口头说说就行。因为不是所有业务都能顺风顺水，总会有些磕磕绊绊，而当出现问题时，合同是最有说服力的证据。

跟大家强调一下：做业务，诚信最重要。接单要量力而行，接了就得认真做好，为自己树立好的口碑，才能有长远发展。

最后将陈幼坚先生的一句话送给大家，“设计为什么会打动人，因为用心来做。我也是用心来做，发自内心的东西最容易感动人”。希望大家在任何时候都要用心做事，用心做设计，我们才能在设计的道路上越走越远。

仅仅能做好设计就能成为一名好设计师吗？谈谈你的看法。

参考文献

[1] 张志颖. 版式设计. 第2版. [M]. 北京：化学工业出版社，2016.

[2] 红糖美学. 版式设计从入门到精通[M]. 北京：中国水利水电出版社，2019.

[3] 张文. 广告设计与新媒体艺术设计[M]. 南昌：江西美术出版社，2019.

[4] 庄云鹏，楼正国，马建博. 版式设计[M]. 合肥：安徽美术出版社，2018.

[5] 陈根. 版式设计从入门到精通[M]. 北京：化学工业出版社，2019.

[6]（日）伊达千代，内藤孝彦. 版面设计的原理[M]. 周淳译，北京：中信出版社，2011.

[7] 王勇，徐扬，刘岩妍. 版式设计[M]. 北京：兵器工业出版社，2018.